育儿新概念2

育児のお悩み解決BOOK—Q&Aですっきり！

不慌不愁 当宝儿妈

［日］ 加部一彦　佐佐木聪子　著　刘立强　译

東 方 出 版 社

目录

充分关注自己孩子的个性

加部一彦

过去，孩子不仅属于自己的家庭，对于区域社会来说，作为一名新成员，孩子也是被"授予"了社会。但是，时代到了如今，小家庭这个词汇登场之后，这个所谓的新成员与区域社会的联系变得越来越淡薄。在这种时代的潮流当中，养儿育女的方式也从代代相传，向着信息化不断地发展变化。

如今，在网上检索一下，甚至可以查到连专家都不太了解的知识。书店里，育儿书籍比比皆是。把从这些渠道得到的信息，变成育儿的指南，对于父母来说，肯定是求之不得的事情。可是，现实当中，并不总是和这些指南完全一致的。一旦宝宝发生什么事情的时候，自以为知道和理解的道理有时却不管用。于是，反而更加会招致父母的不安。也许，这就是现实吧。

养儿育女，是从认真观察开始的。自己眼前的这个宝宝，昨天和今天，刚才和现在，到底有着哪些变化呢，在关注宝宝个性的同时，我还是希望大家能够灵活应对出现的各种事情。

为宝宝的成长加油

佐佐木聪子

宝宝出生一瞬间，"哇"的一声啼哭，给爸爸妈妈一种什么样的冲击呢？又是如何震动爸爸妈妈的心房呢？那一定是让人无比感动，让人产生无比怜爱的声音。从那时起，养育儿女的工作就开始了。您注意到了吗？孩子永远是积极向上的。从出生的那一瞬间开始，"这是哪里呀"，"那是什么呀"，"这个，好像挺有意思的呀"，"那个，我想做做看"……不管什么时候，总是以旺盛的好奇心生活在这个世界上。

宝宝身心还没有发育成熟，周围到处都是不能随心所欲去做的事情。即使是这样，宝宝的生命力依然显得活力四射。看到这样的孩子，您会情不自禁地想给宝宝加油，是吧。是的，今后长时间地养育儿女的关键词就是"加油"。不管发生什么事情，别太钻牛角尖，弓弦别绷得太紧，有一个给孩子助威加油的心态就可以了。

一边用一种宽慰愉快的心情注视着宝宝各个时期的成长发育，一边给孩子，有时也是给父母自身，送去"加油！加油！"的鼓励声。请您这样与自己的宝宝朝夕相处吧。

第一章
帮您解决 0～6 个月
宝宝成长的烦恼

未满月

吃吃睡睡的新生儿

总是睡了吃，吃了又睡。宝宝在努力地适应这个世界。

宝宝的一天就是睡觉、吃奶、睡觉、吃奶……

从呱呱落地到 1 个月左右宝宝的工作，就是睡觉和吃奶。每隔 2 个小时或 3 个小时，宝宝就会哭着要吃奶。吃完之后，又会呼呼大睡。基本上就是这样反反复复，于是睡眠时间就变得很长，有的婴儿能睡将近半天。

当然，每个孩子不一样，应该睡多长时间，并没有标准答案。只要宝宝吃得好，且健康有精神，那么就没有担心的必要。

宝宝的体重可能会比出生时轻

刚出生的婴儿还不太会吃奶，而且吃的量比较少。在出生后一周内，体重有可能会下降。这种现象被称为"生理性体重下降"，这是每个婴儿都有可能出现的情况。在出生 10 天以后，体重就会恢复并开始增加。

另外，婴儿的体重并非每天都会增长。如果宝宝精神不错，又能好好地吃奶，一周测量一次体重就足够了。

黄疸持续 2 ~ 3 周不必太担心

黄疸是由于红细胞被破坏，血液里产生的胆红素增加所致。肝脏中有一种酶本来是可以分解胆红素的，但是宝宝的这种酶的活力还比较低。

另外，新生儿的胎便中也有胆红素。开始吃奶以后，在肠蠕动的作用下，胆红素随着胎便一起被排出体外。若肠蠕动缓慢，胎便排泄迟缓，胎便中的胆红素就会被肠道再次吸收，导致黄疸加重。这样的"生理性黄疸"在 2 到 3 周之内就会消失。

宝宝的反射反应是生命力的原点

在新生儿身上，我们可以看到很多不可思议的事情。比如说，在发出很大的声响或给宝宝突然变换姿势的时候，宝宝会反射性地张开双手，好像要抓住什么似的，这被称为"莫罗反射"。这是在紧急情况下为了逃避危险，而紧紧抓住母亲的一种人类进化的遗存现象。

为了吮吸奶水而去寻找母亲的乳房，这种天生具备的反射被称为"觅食反射"（寻乳反射）和"吮吸反射"。触碰一下宝宝嘴的周围，宝宝就会转向受刺激的那一侧（这是觅食反射）。碰碰宝宝的嘴唇，宝宝就会做出吮吸的动作（这是吮吸反射）。嘴里有了奶水，宝宝就会咕咚地咽下去，即吞咽反射也是一连串反射中的一种。

在新生儿身上看到的这些反射现象，表明婴儿的中枢神经正在渐渐地从脊髓向大脑方向发育。特别是有一些"原始反射"，因为会随着月龄的增加而慢慢地消失，所以可以作为宝宝成长发育的路标。

这个时期吃奶的次数和大便的次数都很多

这个时期的宝宝还不太会吃奶，而且每次吃的量也比较少，所以经常会由于肚子饥饿而哭闹。

另外，大小便特别多也是这个时期宝宝的特征。每吃一次奶屎尿就随之而来，这样就必须随时更换尿布。出生后一星期之内，宝宝的大便是绿色的胎便，渐渐地颜色和形状都会发生变化。只要宝宝精神好，又能吃，就没有什么好担心的了。

为宝宝准备一个舒适的室内环境

这个时期的宝宝，身体的调节机能还不成熟，不能很好地调节体温。如果室温过高，热量散不出去，有时会让婴儿体温升高，因此要多加注意。

对于宝宝来说，舒适的环境温度应为 25 ～ 26 度，湿度为 50% ～ 60%。但是，即使是同样的温度和湿度，夏天和冬天的感觉是不同的。最好把室外室内的温差控制在 5 度以内。

而且，测量室温的位置，不能是

大人生活的高度，应该是宝宝生活位置的高度。

每天给宝宝洗澡保持身体的清洁

宝宝的新陈代谢非常活跃，为了保持清洁每天最好为宝宝洗一次澡。对于容易得脂溢性湿疹的头部，特别是软乎乎的囟门，可以用手掌沾着香皂的泡沫洗一洗。洗澡之后，可以用棉棒擦干宝宝肚脐里的水分，尿布不要盖住肚脐。剪指甲要用婴儿专用的指甲刀，在宝宝睡着以后，安静的时候剪最好。把宝宝的手指朝下，比较容易剪。

给宝宝擦眼屎的时候，可以用干净的纱布从外眼角（靠近耳朵的一端）向大眼角（靠近鼻子一端），即按照眼泪流出的方向擦拭。有关鼻子和耳朵的护理，拿棉棒轻轻地一转，把入口处的污垢擦干净就足够了。

未满月宝宝的育儿问答

湿疹

Q 宝宝脸上有红色的湿疹，请问产生的原因及护理方法？

宝宝出生半个月以后，脸上长出了好多红色的湿疹。请教一下原因是什么以及护理的方法。

这是常见的湿疹。适度洗去皮脂。

红色的湿疹，恐怕是脂溢性湿疹。新生儿的皮肤比大人成熟的皮肤要薄得多，而且还会分泌很多的皮脂来保护皮肤。所以容易出现斑斑点点的所谓的脂溢性湿疹，也被称为乳儿湿疹。脂溢性湿疹的出现是皮肤成熟的征兆之一。

为了保护婴儿薄薄的皮肤，就会大量地分泌出皮脂。如果过度地洗去皮脂，宝宝的皮肤容易变得粗糙，因此关键是要适度地清洗。虽说如此，难就难在怎样做才是适度呢？每天都用香皂洗的话就过度了，我认为两天用香皂洗一次比较合适。脂溢性湿疹随着皮肤的成熟慢慢就会治愈的。如果宝宝感到瘙痒难忍或出现渗液，请到医院儿科接受诊疗。

白带

 宝宝出现了好像是白带似的东西，不管它行吗？

宝宝出现了好像是白带似的东西，一开始还混有少量的血液，现在已经变白了。不管它行吗？

 可以和平常一样洗澡，但别太使劲儿。

出血恐怕是"新生儿月经"，刚出生的女婴有时能看到这种现象。这是受母亲的女性激素的影响而产生的。

怀孕时的母体，为了养育胎儿会分泌大量的女性激素，进入胎儿体内以后，在激素的作用下，胎儿的子宫内膜变得肥大。出生以后，环境发生了巨大变化，由于与母亲体内激素的联系中断，肥大的子宫内膜不久就会出现出血现象，这就是所谓的新生儿月经。

婴儿一般出生后 3 ～ 5 天内会出现出血现象，2 周左右分泌物就会停止。但是如果继续持续的话，应该到医院儿科去接受大夫的诊断。

头部肿包

 宝宝头顶上有一个好像是肿包似的东西，有关系吗？

 这是头皮血肿，会自然消失的。

婴儿头顶上的肿包可能是头皮血肿。这是因为婴儿在通过产道时，头的顶部由于受到产道挤压，产生的像"血泡"一样的东西，出现在皮肤与头骨之间。过去曾经采取抽取其中血液的措施，而如今原则上是让血液被自然吸收，让肿块自行变小。这种软软的有波动感的肿包，渐渐地中间会凹陷下去，最终消失不见。比较大的头皮血肿，其中的血液在被吸收过程中，有时会生黄疸。通常在 2 至 3 个月左右肿包就会变小。

肚脐突出

 宝宝好像有点肚脐突出，不管它可以吗？

宝宝身上的脐带残端脱落了。但好像有点肚脐突出，不用理它没关系吗？

 婴儿有了腹肌之后，就会缩进去。

这个时期婴儿肚脐突出没有担心的必要。刚刚出生的婴儿腹肌比较薄弱，在大声哭泣或使劲憋气大便的时候，肚脐会一下子鼓出来。一般在宝宝出生六个月，腹肌变得强健的时候，基本上就不明显了。

这个时期最重要的是，要注意肚脐的清洁。肚脐湿乎乎不干燥的情况下，容易受到细菌的感染。请经常给宝宝的肚脐消毒，直到满月为止。

黄疸

 黄疸持续不消失，是吃母乳的缘故吗？

宝宝的黄疸很严重，采用光疗的方式治疗了一段时间。宝宝完全吃母乳。黄疸持续不退感到很担心。听说喂母乳，黄疸容易持续不退。

 如果白眼球部位的黄色消失了就没关系。

胆红素是引起黄疸的原因。这种物质最终经由肝脏排泄出去。但出生后一时增多的话，就被称作生理性黄疸。一般来说不必治疗。虽然不是什么大问题，如果黄疸比基准值高，应采用光疗进行治疗。

黄疸可以通过皮肤以及白眼球（眼球结膜）来确认，是否得了黄疸，看白眼球的颜色即可。如果出生后 2 至 3 周左右白眼球的黄色消失的话，即使皮肤上还残留一些黄色也没关系。

但是，正如您说的那样，吃母乳的宝宝黄疸有拖长的倾向。一般延续到出生后一个月左右，如果到了这个时期黄疸依然不退，请带宝宝去看医生。

鼻子呼呼作响

 宝宝吃奶的时候，鼻子呼呼作响是怎么回事？

宝宝鼻子也没有堵塞，吃奶的时候鼻子却呼呼作响。我感觉宝宝吃得起劲儿的时候，容易出现这种现象。

这是由于婴儿用鼻子呼吸，而且鼻子不够通畅的缘故。

这个月龄的婴儿主要靠鼻子呼吸。由于鼻黏膜处于肿胀的状态，鼻子就不通畅了，所以，就会出现鼻子呼呼作响的情况。

您可能担心宝宝鼻子是否堵塞了，其实并不是堵塞，是不通畅。出生3至4个月后，宝宝就会用嘴呼吸了，鼻子呼呼作响的次数也就会渐渐减少。在这之前，宝宝吃奶时若感到呼吸困难，暂时把乳头从宝宝的小嘴中拿出来，等呼吸平稳之后再让宝宝吃。

被称为婴儿溢奶。这是由于婴儿的胃尚未发育成熟，吃奶之后，稍受一点儿刺激，就会把奶吐出来。新生儿在打嗝儿或大便憋气用劲的时候，常会出现溢奶的现象。等到胃发育完善之后，吐奶的现象就会逐渐好转。

喉咙和鼻子是相通的，所以奶水也有可能从鼻子流出来。但我想这个原因是不会导致鼻子出现问题的。如果您对吐奶次数过多感到担心，可以缩短每次喂奶的时间，增加喂奶的次数。大便憋气用劲的时候，可以轻轻地按摩宝宝的肚子或用棉棒刺激宝宝的肛门，让大便容易排出。

吐奶

 宝宝经常吐奶，有时还从鼻子里出来，怎么办好呢？

宝宝吐奶的次数很多，有时还会从鼻子里流出来，对宝宝的鼻子是不是有不好的影响呢？另外，宝宝大便憋气用劲的时候，有时也吐奶，挺担心的。

 待婴儿的胃发育完善以后，吐奶的现象就会逐渐好转。

宝宝吃奶之后，突然吐奶的现象

哭泣

 是否偶尔故意让宝宝哭一哭为好呢？

在宝宝大哭之前，我都会事先做好喂奶、抱起来以及换尿布的准备。有人说哭泣也是运动，偶尔让宝宝大哭一下是否好呢？

 弄清哭泣的原因，帮宝宝解决烦恼。

作为婴儿来说，哭泣是表达快乐与否的手段，比如通过哭泣传达"肚子饿啦"、"又尿了"、"不知为什么睡不着"等信息，如同语言一样。并非是为了运动才哭的。

另外，长时间地让孩子哭，也许会引起过度呼吸，或者大哭之后发生痛哭性痉挛。特别是在宝宝出生以后一个月这段时间里，为了避免这种事情的发生，弄清楚宝宝哭泣的原因是非常重要的。然后把握好时机把宝宝抱在怀里。

奶嘴

 为了让宝宝入睡，是否要给奶嘴呢？

我家宝宝不把乳头含在嘴里就睡不着。不给的话，就会把自己的手指放在嘴里含着。是否给宝宝奶嘴为好呢？

 请找出宝宝睡不着的原因。

在国外有的国家很早就开始给婴儿用奶嘴，但这么大的婴儿自己还不会要奶嘴的。如果给了奶嘴立刻能入睡的话，也不是什么坏事。但是，无论如何都不能入睡总是有原因的。所以，更重要的是细心观察宝宝的状态，找出睡不着的原因。

打嗝

 宝宝经常打嗝，有时时间还挺长，这是怎么回事？

宝宝吃奶非常好，但是一天要打好几次嗝。时间长的时候持续5分钟以上，好担心啊！

 抱着宝宝，直到打嗝自然停止。

打嗝是横膈膜痉挛引起的。痉挛时，空气突然被吸入气管，在通过因肌肉收缩而变窄的声带时，就会发出那种独特的声音。这个时期的婴儿是经常打嗝的，长时间地打嗝也许让人担心，但宝宝自身却并无大碍。

很多治疗打嗝的土方法实际上都不能真正治婴儿打嗝，其效果也不明显。打嗝会自然停止的，不必介意。把宝宝抱起来，轻轻拍拍宝宝的后背，耐心地等待打嗝停止吧。

磨人哭闹

 宝宝哭起来没完没了，有什么好的方法吗？

最近这段时间宝宝越来越爱哭，一旦哭起来就没完没了。我把吹风机的声音录下来给宝宝听，也试着跟宝宝说说话，可是这些方法都不管用。

 对于宝宝的这种哭闹，别太在乎。

这个时期的宝宝如果肚子饿了，尿了或者睡得不舒服的时候，都会以哭的方式告诉大人。因此，遇到这种情况，首先看一下是什么原因。如果没有什么特别的原因而哭闹的话，可以变换一下宝宝的睡觉姿势或者想办法改变一下房间里的气氛，宝宝有时也会停止哭泣的。

另外，婴儿也分为两种类型，即敏感型和满不在乎型，敏感型的宝宝可能比较爱哭闹。但是，母亲不必过于在意，否则容易起反作用，使宝宝变得更加敏感。哺乳以及更换尿布，这些应该做的事都做了之后，只需静静地观察着宝宝就行了。即使这时宝宝依然哭闹，就对孩子说一句："宝宝你真能哭啊"就行了。采取这种不是太在意的态度有时对孩子也是有益处的。

外出

 宝宝好像感冒了，是不是因为外出次数太多了呢？

因为要接送家里的大孩子，带宝宝外出的时间就相对多一些。宝宝还没有满月，好像感冒了，是否和外出过多有关系呢？

 即使不是感冒，外出的时候也要留心注意。

这个时期婴儿鼻子的黏膜是非常敏感的，稍微被风一吹或者受到温差的刺激，就会起反应流鼻涕。这种状态在母亲看来就以为是感冒了。虽然和受病毒感染而引起的感冒不一样，但对于婴儿来说，这种刺激同样是比较厉害的。所以，要尽可能把外出时间压缩到最短。

因为要接送家里的大孩子，这种外出属于必要的范围。那么，外出的时候就要留心注意如何才能不让宝宝鼻子的黏膜受刺激。外出的时候可以用棉斗篷之类东西挡挡风，别让风直接吹到宝宝的小脸，这样宝宝受到的刺激就小多了。

睡觉环境

 小宝宝有时被大孩子吵醒，是否应该换房间呢？

小宝宝白天在大孩子的房间里睡觉。如果大孩子哭叫，就会被吵醒。是否应该换到别的房间去呢？

 想办法让大孩子停止大哭大闹。

生活中自然的声响以及人的气息，不会妨碍婴儿睡眠的。与其说是妨碍，不如说婴儿一边感觉白天的气氛，一边睡眠，这样反而能让宝宝感觉到生活节奏的同时，安心入眠。

但是，大孩子的大哭大叫不是自然的声音，有必要引起注意。应该制止这种噪音，告诫大孩子："小宝宝会被吓坏的，别大声喊叫"，"小宝宝被吵醒多可怜呀，别那样哭了。"当然，歌声以及愉快的笑声是根本没有问题的。

如果大孩子经常哭闹很磨人的话，就要把小宝宝放在安静的房间里，让他踏踏实实地睡觉。然后在小宝宝睡觉的这段时间里，母亲和大孩子充分地进行交流和沟通，取得孩子的理解。那么今后在小宝宝在场的情况下，我想大孩子的大哭大闹慢慢就会消失了。

哄宝宝睡觉

 宝宝必须抱着才肯睡觉，怎么办呢？

晚上不抱着宝宝，就不肯入睡。因为刚出生不久，辛苦一点儿也就忍了。但是我却严重睡眠不足，整天迷迷糊糊的，万一没有抱好松手摔在地上可就不得了了。一想到这，心里就感到非常不安。

 即使抱也是短时间地抱，宝宝哭也别太在乎。

这个时期的婴儿，基本上都是在睡觉。饿了尿了的话就会哭，满足了就会再睡。夜里哭泣的原因也许是要吃奶或是尿了。所以，首先检查一下这两点。其次，看看姿势是不是难受呀，手脚是不是冷了或热了等，睡得舒服与否也是要考虑的因素，也检查一下吧。

如果没有特别的原因，稍微抱一会儿，等宝宝不哭了，再轻轻地放在床上。

即使又突然哭起来，也不会哭太长的时间就会睡着的。关键是大人别太在意宝宝的这种哭啼，有了这种心态之后，白天和宝宝一起睡一觉，弥补一下睡眠不足就可以了。

补充水分

 洗完澡后可否用母乳来补充水分呢？

宝宝现在吃母乳很好，但不太会用奶瓶，吸吮起来很费劲儿。现在洗澡后都是用奶瓶给宝宝喝凉白开。如果不喝凉白开，让宝宝喝母乳行不行呢？

 母乳完全可以用来补充水分，但切忌逼迫宝宝。

一般来说，洗澡以后，大都是给宝宝凉白开喝的。其实，母乳中也有

充足的水分。宝宝虽然不太会用奶瓶，但只要不讨厌奶瓶就没有关系。如果宝宝讨厌奶瓶，就暂时停用，过一段时间再试试看。

重要的是，别让宝宝对奶瓶的奶嘴有不好的印象。

生活节奏

 生活是以大孩子为中心，这种生活节奏可以吗？

为了配合大孩子的生活节奏，每天让宝宝在汽车里或在婴儿车上待的时间较长，宝宝经常被迫中断吃奶以及睡眠的时间。因为无法与宝宝的生活节奏一致，满足不了宝宝的要求。我心里一直在忧虑这件事。

 重新审视生活节奏，寻找能让精神宽松一会儿的时间。

生活节奏往往容易向家里的大孩子靠拢，这是没有办法的事情。但是，从小宝宝还在母亲肚子里的时候，就应该有这种思想准备，以后的生活每天将是非常忙碌的。

但是，养育数个孩子的母亲的忙碌程度，想必是不得了的。挤出一点时间能够放松一下，对于母亲和宝宝

来说都是有必要的。我建议您试着梳理一下一天的生活流程，看看自己是如何利用外出的日子和休息日的。写在纸上看一看，您肯定能发现可以利用的时间。在这个有限的时间里，按照宝宝的节奏，放松一下吧。

儿使之安静以后，再放回床上观察一下宝宝的状态。如果又哭了起来，"要哭就哭吧"以这种心态应对就可以了。觉得宝宝哭的时间很长，那是母亲的心理感受。实际上宝宝不哭不闹，高高兴兴的时间也长着呢。

生活节奏

 宝宝无论怎么哄都哭个不停，怎么办好呢？

上午，宝宝哭个不停的次数越来越多，无论是喂奶还是换尿布都没有用。夜里，宝宝平均每隔 3 至 4 小时醒来一次。有什么办法让宝宝在上午也能有一定的规律呢？

 把宝宝抱起来，使之安静之后再观察一下吧。

新生儿在肚子饿了、尿了，或者身体什么地方疼了、热了、冷了等，总之，有任何不舒服的感觉，就会以哭泣的形式告诉大人。有时即使没有什么特别的理由，也会哭闹的。在喂完奶、换完尿布，解除了宝宝生理上的不舒服之后依然哭闹的话，就可以考虑这是属于后者了。

此时的应对方法是，稍微抱一会

哺乳频率

 把夜里喂奶的间隔拉长是不是不太好呢？

医生说每隔 3 至 4 个小时给宝宝喂一次奶。由于很疲惫，上了闹钟有时也爬不起来。从深夜到早上，喂奶的间隔过长是不是不好呢？

 如果宝宝睡得很香就说明宝宝心满意足，没必要叫醒他。

每隔 3 至 4 个小时喂一次奶是非常辛苦的。由于疲惫而听不到闹钟声也是情有可原的。宝宝睡得很香的话，就没有必要为了喂奶而硬要叫醒宝宝。如果婴儿饿了自然会醒来的。白天宝宝一般不会这样，我想这是因为夜里吃饱了，没有饥饿的感觉吧。只要体重顺利增加，就不必担心。

宝宝在出生 2 至 3 个月以后，夜里喂奶次数会渐渐地减少。能感到宝宝夜里睡得非常好，这是非常开心的事情。比起教条的育儿指南来说，不如根据宝宝的个性来应对。喂奶这个事情，就顺着宝宝来吧。

哺乳频率

 如果宝宝啼哭的话，就要马上喂奶吗？

儿科大夫说：母乳喝得太多宝宝会胀肚子的，最好每隔 2 至 3 小时喂一次。但是，妇产科的大夫又说：宝宝啼哭的话，可以随时喂奶。我听谁的好呢？

 还要考虑一下哺乳以外的事情。

由于婴儿还不太会吃奶，母亲的出奶量也还不稳定，因此，大人也搞不清楚宝宝究竟吃了多少奶。只要宝宝精神很好，就不必对吃了多少过于担心。

另外，婴儿哭泣也不见得喂奶就能解决问题。哭泣不仅仅是肚子饿了，也可能是情绪不安定，还有可能是身体什么部位疼痛或不舒服。宝宝是用哭泣的方式向母亲诉说自己生理上不舒服的感觉，比如说，冷了、热了等。

所以，当宝宝哭的时候，可以跟宝宝说说话，抚摸宝宝的后背或是抱起来哄哄。如果还是哭个不停的话，就要考虑可能是宝宝肚子饿了，再给宝宝喂奶。

哺乳时间长短

 宝宝不太会吃奶，喂奶的时间拖得很长，怎么办？

喂奶总是要花好长时间，也不知道是我的方式不对还是宝宝自己吸不住乳头。奶水还在流宝宝却吃不好，最后就不愿意吃了。我担心乳头的形状是不是那种难以吸吮的呢？

 以自然、放松的姿势给宝宝喂奶。

您说的情况，是在母子双方都还没有适应哺乳的时期时常有的事情。宝宝即使没能喝到母亲想象的量，也不必担心。宝宝很快就会学会吃奶方法的，吃奶量也会随之增加的。

喂奶的时候，母亲最好放松自己，靠在沙发上或者靠在墙上。婴儿从头部到后背保持笔直是一个比较容易吃奶的姿势。把宝宝的上身扶起来，扶住后背。在婴儿和膝盖之间放上坐垫或毛巾之类的东西，则更为安定。如果担心乳头的形状的话，可以找医生咨询一下。

混合喂养

 混合喂养应该以怎样的比例为好呢？

目前奶水量一般。母乳和奶粉以怎样的比例混合让宝宝喝好呢？

 首选母乳喂养，认真观察宝宝的状态。

母乳里含有婴儿所需要的一切营养，而且总是温度适中、无菌，是非常理想的食物。如果奶水的量还可以的话，首先观察一下宝宝的状态吧。如果宝宝吃完母乳能心满意足睡觉，那就没问题，再让宝宝喝一段时间母乳试一试吧。

如果吃奶之后还哭闹不停，或者在健康诊断中，大夫指出宝宝的体重增加得太少，那时再考虑添加奶粉吧。

宠物

 家里养条狗，应该注意哪些事情呢？

在宝宝出生之前，家里就养着一条大型犬。现在宝宝和狗几乎没有什么接触，但是，我担心今后宝宝能满地爬的时候会接触到狗。我应该注意哪些事项呢？

 注意家里保持清洁，并要把狗训练好。

在室内养犬，一般只是在散步的时候才会带狗出门，所以，把传染病之类的病菌带回家的可能性比较小。但是，平时要注意经常给狗洗澡。当然，还要按时给狗打预防针。另外，在狗活动的空间，有狗毛脱落，要细心地进行打扫。

把狗训练好也非常关键。例如像狗的大小便这样的问题以及如何与家人相处。既要给宠物正确的关照，又不能让宠物焦躁不安。宠物就得像宠物的样子，重要的是，要训练宠物听从家里人的命令。这样狗就不会随意爬上宝宝的小床，也不会调皮捣蛋了。

另外，在宝宝和狗接触的时候，注意视线片刻都不要离开宝宝。

1 个 月

身体变得更结实了

身体一点一点地变得结实起来。似乎能够认出妈妈的脸庞了。

出生一个月后，体重增加 1 公斤左右

这时宝宝长高了，曾经因为"生理性体重下降"而减轻的体重，现在也比出生时重了 1 公斤左右。有了脂肪以后，胖乎乎的身体看起来像是一个名副其实的婴儿了。

但是，身高体重的增加程度每个宝宝都不一样，有的增加多，有的增加少。不用介意比平均值大或小，了解自己的宝宝具体情况就行了。

视力和听力发育的情况

婴儿的视力、听力以及感知能力等的发育程度都是不同的。

婴儿听觉和嗅觉发育得很早，新生儿具有感觉到声音和气味的能力。现在"听力筛查"已经很普遍了，在听觉上有无问题，出生后立刻就可以检查。

视觉的发育稍微慢一点，在出生后一个月左右，如果把红色绿色这种颜色反差很明显的球放在婴儿面前，宝宝的眼睛会稍微追一会儿。母亲如

果出现在宝宝面前，对于妈妈脸庞的轮廓，婴儿也模模糊糊地能认出来了。

婴儿鼻子不通的状态，一直要持续到正常呼吸为止

婴儿在这个时期，母亲很担心的事情中，有一件事是宝宝的鼻子老是不通气。

出生以后，到 3 至 4 个月为止，婴儿都不太会用嘴来呼吸，呼吸全靠鼻子。作为空气通道的鼻子，特别是鼻腔内部比较狭窄，还没有完全发育好。另外，鼻黏膜又总是潮乎乎的状态，宝宝在哭闹的时候，容易引起鼻黏膜水肿。由于这些原因，鼻子的呼吸就不会很通畅，总是显得不通气。

这样的状态持续一段时间后，慢慢地宝宝就会很好地用嘴来呼吸了。鼻子发育完善之后，堵鼻子的现象也会改善，所以不必担心。在这之前，可以使用加湿器等器具，想各种办法让宝宝的鼻子尽可能地顺畅通气。

一定要接受满月后的健康诊断

出生后 1 个月的宝宝，一定要接受满月后的健康诊断。健康诊断是检查宝宝成长发育状况的重要检查。

一般来说，为了能同时检查母亲身体的恢复情况，大都在宝宝接生的医院接受健康诊断。如果有经常去就诊的医院或其他合适医生的话，也可以在那里检查。

满月后的健康诊断是以体重增加情况以及喂奶情况为主的。出生时若有黄疸的情况，也要请医生诊断。如果肚脐还是湿乎乎的或有出血的情况，就要治疗了。

哺乳渐渐地有规律了，母亲可以稍微踏实下来了

婴儿会很好地喝奶了，母亲乳汁的分泌也慢慢地变得顺畅了。于是，哺乳渐渐地有规律了。但是，还是有个体差异的，对于母亲来说依然是相当辛苦的时期。尽量地挤出时间和宝宝一起休息吧。

宝宝小便的次数还是很多，但大便会稍微攒一点了，也有大便次数减少的婴儿。有人担心便秘，如果宝宝很活泼又能很好吃奶的话，则不必担心。

有如何分辨婴儿哭泣的窍门吗

婴儿用哭泣的方式表达各种各样的内容，但要从不同的哭泣方式上，看出宝宝的要求来，真是一件不容易的事情。只能从宝宝刚才的状态、脸色以及声音表情等综合起来加以推测。比如说，"刚醒就开始哭，上次喂奶已经过了一段时间了，哭起来也很有劲，是不是饿了呢？"这样想试着喂奶，结果宝宝喝了好多，也不哭了。于是明白了"果然是肚子饿了"。这样反复多次的话，渐渐地就能听懂宝宝提不同要求时的哭声了。

通过温柔地注视着宝宝的一举一动，依靠母亲细腻的观察和经验的积累，来分辨出宝宝不同的哭泣声，没有比这更好的窍门了。

让宝宝一点一点地适应外面的空气

出生 1 个月过后，从打开室内的窗户换气开始，让宝宝一点一点地适应外面的空气吧。但是，这个时期婴儿体温调节机能还很不完善，要注意给宝宝保温。首先，把宝宝抱到窗户边上一边让宝宝感受外面的空气，一边观察宝宝。如果宝宝显得很舒服的样子，就说明宝宝适应了外面的空气。另外，在给宝宝换尿布、洗澡时，宝宝光屁股的时候，也能锻炼宝宝的皮肤。

我想这时候可以考虑带宝宝到外面转转了，但刚开始的时候，最好选择无风又暖和的日子，短时间地待在外面。对于环境的适应力应该慢慢培养。最近都在议论紫外线的不良影响，所以要尽量避开阳光的直射。

1个月宝宝的育儿问答

会渗出到睾丸里的血管周边，积攒在睾丸周围。其结果就是阴囊看起来像肿起来的样子，这种状态叫"阴囊水肿"，一般在出生后2年左右就会自然治愈。

过去曾经进行抽水治疗，现在都是待其通道自然关闭，体液被身体吸收，毫无疼痛感。请观察变化过程，并在健康诊断时，让大夫看看。

阴囊水肿

Q 宝宝的睾丸有点肿胀，不疼吗？

宝宝有个睾丸有点儿肿。在满月后的健康诊断时，大夫说："有一点儿积水，会被身体自然吸收的，不用担心。"但是宝宝不疼吗？

 不疼，请注意观察变化过程。

婴儿在母亲肚子里的时候，睾丸降至阴囊内。阴囊包裹着睾丸，起到温度调节的作用。通常，睾丸下降至阴囊中以后，通道就会关闭，但是，当通道没有完全关严的时候，体液就

呼吸

 宝宝总是张着嘴睡觉，有关系吗？

宝宝经常张着嘴睡觉，每次发现以后我都用手碰它，使之合上。有点担心张着嘴睡觉会不会导致生病呢？如何做宝宝才能用鼻子呼吸呢？

 现在是该学会用鼻子呼吸的时期了。不必担心生病。

一直到出生后2个月为止，婴儿的呼吸被称为"强制性鼻呼吸"，主要都是用鼻子来呼吸的。嘴则用来吃奶，所以鼻子作为呼吸的主体是极其合理的。呼吸次数为1分钟40次左右，是腹式呼吸。

您的宝宝经常张着嘴睡觉，其实

即使看着是张着嘴，实际上宝宝应该是在用鼻子呼吸。可以认为这个月龄的婴儿，是不会用嘴呼吸的。

但是，当鼻子堵了时，也许有时会用嘴来呼吸。通常用嘴呼吸是出生3至4个月以后的事，但您的宝宝也可能渐渐地能用嘴呼吸了。不会有生病的可能性的，没有问题。

惊悸

 宝宝惊悸时会全身用劲，看起来挺难受的样子，怎么办？

虽然没有醒但却使尽力气，全身都张着或缩成一团。有时还发出哼哼唧唧的声音，看起来好像挺难受的样子。很担心。

 也许宝宝有不舒服的感觉，不用特别地担心。

这个时期的婴儿有时会有惊悸的现象，会突然大声地哭泣，或发出哼哼唧唧的声音。一般认为是睡觉的时候，由于肠蠕动带来的疼痛感，或者是由于没有解大便的缘故等其他各种各样的原因。可以顺时针按摩宝宝的肚子，在没有解大便的时候，用棉棒或纸捻刺激宝宝的肛门试试看吧。

婴儿惊悸不是病，是在不舒服的时候发生的现象。所以不必担心。但是，如果明显地和平时的状态不一样，真的是非常难受或是长时间处于很难受状态时，就可以认为是生病了，请带宝宝去医院就诊。

另外，婴儿惊悸有夜间惊悸和凌晨惊悸的说法，在这两个时间段里，婴儿惊悸发生的次数比较多。

手脚冰凉

 宝宝经常手脚冰凉，有点担心，请问这是什么原因？

我挺担心宝宝老是处于手脚冰凉的状态。难道婴儿也有低体温的倾向吗？

 待手脚末梢循环变好时，手脚冰凉状态就会得到缓解。

关于低体温的孩子增加的现象，虽然有人指出是由于睡眠节奏以及饮食习惯等导致的，但目前还没有完全搞清楚。但是，即使是上述的原因，也是在再大一点以后才会出现这样的倾向。

现在这个阶段出现的手脚冰凉，是由于末端循环还未完全发育好的缘故。人体里的血管像网络一样遍布全身，但是，婴儿的这个网还处于没有发育完全的状态，血液还不能被充分地输送到手脚的末端。

另外，婴儿总是四肢伸开睡觉，从被子里伸出的小手小脚容易受到气温的影响，特别是在冬天更容易受寒。所以可以给宝宝戴上连指手套，或者给宝宝搓搓冰凉的小手小脚。

要想除去各种各样的担心，就要事先把握好"正常体温"。

小脚丫的发育

 宝宝使劲儿地用脚踢蹬，不会出问题吧？

宝宝的小脚丫可有劲儿了，要抱宝宝的时候，小脚丫用劲想站起来。会不会发生股关节脱臼等问题，对发育有没有影响呢？

 婴儿这个时期，反射性的动作比较多。

并非有人教宝宝，比如，新生儿碰到母亲的乳房的时候，就会吸吮乳头，用劲儿地拼命吃奶；把手指放在婴儿张开的小手上，宝宝就会紧紧地握住。这些动作原本就是婴儿生来具有的"原始性反射反应"。其他还有由于还不能自由自在地控制手脚的动作，我们可以看到宝宝具有各式各样的特征。您提出的"小脚丫用劲想站起来"的动作就是其中的一个。伸直腿踮起小脚丫这个动作，看起来就像要站起来似的。

像这些动作随着成长发育慢慢地就会消失不见了，等到出生半年以后，婴儿拙稚的动作会变得越来越自然。虽然不用担心影响发育和股关节脱臼，但尽量不要让宝宝伸直的脚踢到地面，也别让宝宝在母亲的腿上站立。

爱朝一个方向睡

 宝宝头部左右形状不一样，没关系吗？

由于宝宝总朝着一个方向睡觉，好像头部左右形状不一样了。另外，觉得耳朵也被压得不太对劲儿。我担心宝宝会把头睡扁了。

 这个担心早晚会消失的，观察到 1 岁左右吧。

在健康诊断时母亲们经常会问到宝宝的头部和耳朵的形状。确实这个时期婴儿大部分的时间都是在睡觉中度过的，由于总是朝着一个方向，头部的形状容易睡扁。从头颈还不能直立的这个时期开始，到开始坐立和翻身的时期为止，特别容易引起母亲的担心。每当这个时候，我都会说，"请看看1岁左右的宝宝吧，基本上都不用担心脑袋的形状吧"。实际上，从这个时期开始，母亲们的这种提问也变少了。也就是说，这种担心早晚会消失的。

但是，如果耳朵被压得潮乎乎的，就得采取一定的措施了，比如在宝宝睡觉的时候，耳朵垫上毛巾之类的东西。

摇晃综合征

 婴儿车在砂石路上颠簸，没关系吗？

带宝宝出门的时候，经常是用婴儿车推着。家附近砂石路较多，颠簸不平的。担心对宝宝的脑部以及软软的脖子有不好的影响。

 试着从宝宝的角度来考虑这个问题吧。

您所担心的事情是"婴儿摇晃综合征"吧。我想您是担心在脖子尚不能竖立的这个月龄，摇晃振动这种刺激对宝宝的脑部会有不好的影响。"婴儿摇晃综合征"的英文是"shaking baby"，"shaking"是振动的意思，所以与自然摇动的含义是不一样的。把宝宝横卧在婴儿车中，短时间外出的话，我想不必那么担心。

但是，颠簸不平摇摇晃晃对于婴儿来说也许不是愉快的事情。在经过砂石路的时候，最好抱着走。如果只是去附近，还是采取让宝宝能感觉到母亲气息的方式，抱着去吧。

便秘

 宝宝大便的次数2天才1回，没关系吗？

宝宝大便的次数2天才1回，觉得次数太少了。每次大便的量倒是挺多的。我听说这个时期的婴儿每换一次尿布都要大便的呀。

 比起次数来说，更要重视大便的状态。

大便的次数是有个体差异的，另外，吃母乳的宝宝和吃奶粉的宝宝大便次数也是不一样的。所以，比起次数来说，更重要的是要注意大便的状态。如果是软软的、消化比较充分的大便，可以说是正常的大便。

如果肚子发胀，或者使劲也拉不出来的话，可以用涂了油的棉棒刺激宝宝的肛门。

带宝宝外出

 这个月龄带宝宝外出是否还是太早了呢？

出生后过了1个月，1天30分钟或1个小时左右，边买东西边散步。是否太早点儿了呢？

 如果带宝宝出去办事的话，尽量快去快回。

这个时期的婴儿是不能单独放在家里的。如果不是寒冷的季节，我想可以带着宝宝出去买东西。但是必须注意，要在短时间内结束，尽快回家。如果要大量购买东西，可以在爸爸等这些大人可以帮忙照顾宝宝的休息日去买，每天的购物还是快去快回吧。

在光线强烈的时候，要采取措施避免紫外线，不要让太阳光直接照射。另外，特别重要的是，在宝宝脖子还不能直立的时候，用婴儿背带让宝宝

平躺着再出门。还有千万记住不要因为购物时，被别的物品分散了注意力，而碰撞或摔着宝宝。

防晒

 宝宝外出的时候，是否应该涂防晒霜呢？

带宝宝出门的时候，宝宝是不是也要涂上防晒霜呢？

 在涂防晒霜的基础上，还应该采取别的措施。

外出的时候要防止紫外线照射，这已成为世界性的常识。最基本的对策就是不要长时间地在阳光下晒着。外出的时候尽可能选择紫外线比较弱的早上和傍晚，并且要给婴儿戴上帽子、披上长袖的衣服，让宝宝露在外面的部分尽量少。

有婴儿专用的防晒霜，如果用得好的话，是个不错的方法。但是，一出汗防晒霜就会掉了。所以，不是说涂上防晒霜就万事大吉了。请采取更多的防晒措施吧。

保护婴儿皮肤

 请教一下夏季保护宝宝皮肤的方法有哪些？

宝宝得了湿疹以后，正在涂药治疗。但怎么也没有好转，我觉得是宝宝的皮肤不太好。到了炎热的季节就更担心了。夏天要注意哪些问题呢？

 要经常给宝宝擦汗，让宝宝皮肤保持干燥。

看起来娇嫩的婴儿皮肤，实际上非常脆弱。皮肤不仅薄，皮脂腺又没有发育成熟，这期间容易得湿疹也是没有办法的事情。

夏天应该注意别让宝宝的皮肤总是黏糊糊的，一出汗就要马上擦干，尽可能保持皮肤干燥的状态。虽这么说，也不能把空调的温度调得太低，因为出汗对于身体的新陈代谢是非常重要的，在出汗的同时，又能保持一个舒适的环境。在这段时间里也许是很不容易的事情，但必须把保护宝宝的皮肤放在首位。出了汗就冲个澡。在宝宝睡觉的时候，在后背垫一条毛巾也是护肤的重要措施。由于头部起到散热器的作用，所以请保持宝宝头部凉爽，以便调节体温。

入眠

 宝宝洗完澡以后，总不愿马上入睡，怎么办呢？

从洗完澡到入睡，总要花 2 至 3 个小时左右。宝宝总是不肯睡觉，怎么办才能马上睡觉呢？

 要营造一个容易入睡的环境，不肯睡的话就陪陪宝宝吧。

忙碌了一天以后，轻松地洗一个澡，会感到非常爽快，然后舒服地进入梦乡，洗澡是最有效的安眠药，但这只是大人的思考方式。刚出生不久的宝宝可没有"洗完澡了马上睡觉"的想法，做妈妈的必须首先要知道这一点。

洗澡是父母与宝宝培养骨肉感情、度过欢乐时光的好时机，同时宝宝的身体在洗完澡以后，感到爽快和舒服，宝宝反而会更加清醒，更加活泼好动。所以不可能像母亲期待的那样洗完后立刻入睡，多少要花费一些时间也是当然的事情了。保持房间的安静，灯光再调得暗一些。有了这样的环境之后，再陪陪宝宝直至入睡吧。

老是抱着宝宝会不会养成不抱就不行的坏习惯呢？

周围的大人总是情不自禁地想抱宝宝，我担心把孩子惯坏了，养成不抱就不行的习惯。宝宝想让人抱就抱，可以这样吗？

 搂抱宝宝和让宝宝休息要弛张有序。

被周围的人们疼爱和搂抱，对于婴儿来说是一种非常好的刺激。跟婴儿打招呼以及骨肉相亲的接触，是和宝宝的一种交流，不必担心因此会惯坏宝宝的。

但是，这种充满爱心的刺激过多的话，宝宝也会感到疲惫不堪，会感到不高兴的。这时期的婴儿脖子还是软软的不能支撑，本身也还没有力气。所以我认为此时也要考虑到宝宝的体力问题。

重要的是在宝宝昏昏入睡时，要轻轻地把宝宝放回床上。把那种"情不自禁的搂抱"适当地控制一下，搂抱宝宝和让宝宝休息要弛张有序。

环境

 宝宝在明亮的场所睡觉，会影响视力吗？

以前，听说1岁之前的婴儿如果在明亮的场所睡觉的话，得近视眼的概率比较高。晚上睡觉的时候，小灯泡也要关掉吗？

 如果是晚上自然的亮度的话，就没有问题。

在培养婴儿生活节奏方面，体验白天与夜晚的区别是非常重要的。希望母亲能给宝宝安排这样的环境，即白天生活在自然的光线和生活的声响当中，夜里则在寂静和安详的气氛中。所以，白天没有必要用窗帘挡住光线，阳光直接照射当然不好，自然的生活亮度就没有问题了。

夜晚，婴儿所处环境的灯光可以减弱一些，不要让宝宝和大人一起生活在刺眼的灯线下，尽量远离发出高音量的电视等电器。但是，月光以及小灯泡那种程度的亮度并不会破坏宝宝夜里的感受。

您所提到的"宝宝在1岁之前睡觉的场所灯光明亮，近视的几率就会较高"这个说法并没有科学依据，如果不是特别的刺眼，就没有必要太介意。

电视

 电视整天开着，对宝宝是不是不太好？

由于宝宝睡觉的房间里有台电视，大孩子在家的时候，整天开着电视。这会不会影响宝宝的睡眠呢？

 比起电视来说，多与宝宝接触，更能让宝宝感到愉快。

这个时期的婴儿每天就是饿了就哭，吃完奶又昏昏欲睡。所以，我认为电视对宝宝没有影响。

但是，今后在孩子们的成长过程中，整天开着电视是不可取的。应该多给孩子们读读书，聊聊孩子们天真的话题，培养母子感情。孩子与父母的这种交流，比看电视要重要。

先决定好想看的节目，看完后就关上电视。这种弛张有序的规律，是控制看电视的关键。宝宝也是一样，比起电视来说，在与哥哥姐姐以及父母的接触交流中，进入梦乡时应该更为香甜。

吐奶

 宝宝一打嗝，就吐奶，怎么办呢？

喂完奶以后，即使让宝宝打嗝，过一会儿还是经常吐奶，有时会把喝进去的奶一半都吐出来。是不是喝得太多了呢？

 让宝宝勤打嗝，给宝宝排排气。

这个时期的宝宝仍然还是不太会吃奶，在吃奶的同时，会咽下大量的空气。咽下的空气通过打嗝排出，吃的奶也跟着吐出来。如果宝宝活泼可爱，体重也在增加的话，即使吐的量较多也不必担心。您的宝宝一定是一个既喜欢吃奶又能吃很多的孩子吧。

随着月龄的增加，宝宝也将越来越会吃奶，打嗝的次数也会减少。但在这之前，还是要让宝宝勤打嗝，把咽下去的空气排出来。喂完左边的奶之后，让宝宝打一回嗝；喂完右边的奶之后，再打一回嗝。有时在吃奶的过程中，也可以让宝宝打嗝。

母乳

每次喂母乳，都不知道宝宝是否喝饱了，怎么办呢？

一般喂奶时间为左右乳房各 10 分钟，或者两边 10 分钟宝宝就不喝了。让宝宝饿一饿，隔 4 个小时再喂也是一样。夜里喂奶的间隔达 5 个小时左右，这样能吃饱吗？好担心呀。

按需喂养，没有问题。

喂奶的时间短，说明母乳很足，宝宝也很会喝。母乳容易消化吸收，一般喂完奶以后 2 个半小时至 3 个小时，宝宝肚子就会饿的。您说您家的宝宝隔 4 个小时再喂，如果这期间宝宝想吃奶了，就可以喂。

"在宝宝想吃奶的时候，按需喂养"这是这个时期喂奶的原则。您似乎很在意夜里 5 个小时的哺乳间隔，不想吃奶是因为白天喝得足够多的缘故吧，没有必要把宝宝特意叫醒喂奶。

喂奶时间长短

喂奶时间过长不好，有这种说法吗？

夜里哺乳时，只靠母乳似乎不太够，有时就冲奶粉，但宝宝只喝一点点。之后好像还想喝母乳，就只好让宝宝吸吮乳头，可我觉得并没有奶水出来。我听说喂奶时间超过 20 分钟不好。

慢慢地吃奶也是宝宝的个性。

宝宝吃奶的方式各不相同，都有自己的个性，既有大口吃的，也有一点一点慢慢吃的。所以不必太在乎时间的长短。

再过一段时间，宝宝就会更喜欢吃奶了。我认为在那之前，您可以和现在一样，母乳和奶粉一起喂宝宝。

喂奶间隔

喂奶刚过 1 个小时，宝宝又要喝，怎么办呢？

我家宝宝从刚出生开始就特别能吃奶。最近这段时间，喂完奶刚过 1 个小时就又要吃。我为了尽可能地延长间隔时间，又抱又哄。但是宝宝还是想吃。

试着加入奶粉，调整喂奶的节奏。

这个时期的宝宝平均每隔 2 至 3

个小时就要吃一次奶。若间隔时间不到1个小时，次数变得频繁的情况下，可以认为是奶水不足的缘故。

哺乳次数频繁，间隔过短的话，就会造成母亲的乳汁还没有攒足，就又开始喂了。其结果是，每次哺乳宝宝都吃不饱，马上就又想吃了。因此，就出现了"攒不够→量不够→吃不饱→马上又想吃"的反复循环。

在这种情况下，可以在两次喂奶的间隔期，尝试一下给宝宝吃奶粉。使得母乳有足够的积攒时间，下次喂母乳的时候，就有充足的量来满足宝宝了。宝宝吃饱了，喂奶的间隔也就拉长了。

 大孩子与小宝宝关系

 在吵闹的环境中，宝宝会不会处于精神紧张的状态呢？

家里因为有大孩子，所以宝宝白天无法在安静的环境中睡眠。我担心宝宝会不会也一直处于精神紧张状态呢？

 让宝宝一边听声响，一边慢慢适应吧。

每天的生活中，人发出的声音，妈妈做饭的响声等等，不应阻挡这些生活中的声音。重要的是让宝宝觉得这些是正常的声音，不用害怕，慢慢适应。这样的话，宝宝就不会感到紧张了。习惯以后，即使发出任何声响，宝宝也会安心入睡的。

但是，类似关门时"咣当"的声音，也会吓着宝宝的，请加以注意。

 大孩子与小宝宝关系

老是要配合大孩子的作息，怎样才能充分利用时间呢？

因为总是要按照家里大孩子的计划行动，外出的时间较多。这样，宝宝没有太多安安静静的睡眠时间和哺乳时间，有时我连家务都做不完。如何更巧妙地利用时间呢？

与其更有效地利用时间，不如更有效地休息。

您的意思是由于总是为了大孩子，牺牲了宝宝的时间。不妨换个角度想一想，正是因为有大孩子，家里才显得热闹充满活力，宝宝也会因此而感到高兴。您这样想的话，心情就会大不一样了。

把接送大孩子的时间当做带宝宝

出去换换空气的时间，当做傍晚宝宝散步的时间，这不就是宝宝自己的时间了吗？大孩子不在家的时候，就优先处理宝宝的事情。

另外，家务事是没完没了的。不要强迫自己今天必须完成某件事，而是要安慰自己"今天做得真不错"。累了的话，也可以和宝宝一起睡个午觉。所以说，与其更有效地利用时间，不如更充分地休息。

大孩子与小宝宝关系

 是不是应该制止大孩子逗弄小宝宝呢？

可能觉得小宝宝可爱又好玩儿吧，大孩子总是抱着小宝宝，有时还把小宝宝滚过来滚过去。即使宝宝睡觉的时候也这么做，要制止吗？

 让大孩子和大人一起享受同宝宝一起玩的快乐。

宝宝这个时期脖子还是不能支撑，抱的时候要注意，而且如果旁边没有大人，是不能让大孩子抱宝宝的。当然，"宝宝好可爱啊"这种心情是可以理解的，让大孩子与大人一起参与宝宝的事情是一件好事。

比如，母亲站在一旁说："宝宝的小手多柔软呀，你跟宝宝握个手吧。""给宝宝轻轻地拍拍后背吧，宝宝会感到很舒服的。"这样大孩子一边和妈妈开心地聊天，一边接触宝宝，一定会感到很高兴的。而且要向大孩子传递这样的信息："一个人的时候不能搂抱宝宝和滚动宝宝，别碰正在睡觉的宝宝。"我想大孩子会理解母亲的。

2个月

宝宝会对人笑了

逗逗宝宝，就会朝着你笑。和这时候的宝宝在一起会很开心的。

宝宝全身上下都是脂肪，越来越像地道的大宝宝了

这个时期的婴儿，全身上下都是脂肪，是个胖嘟嘟的大宝宝了。但是，身高体重的增加是有个体差异的。要想了解宝宝的发育情况，可以在健康诊断时，向医生咨询。

宝宝的手脚活动更加活跃，有的宝宝开始吃手指了

过去总感到宝宝的动作很生硬，而如今却渐渐地变得顺畅起来了。有时还会把手放到脸的前面；有时会屈腿蹬脚。总之，全身上下都开始活动起来了。

这时期，宝宝有时候会把小手拿到眼前，一直盯着自己的小手。通过这种行为，宝宝发现手是可以靠自己意志控制的身体的一部分。

自从发现"自我"以后，婴儿会更加活跃地运动自己的手，开始出现吃手指的情况了。

宝宝的视力提高了，可以用眼睛追逐运动着的物体

宝宝的视力越来越好，稍微有点儿距离的物体和人的身影渐渐都能看清了。另外，开始用眼睛追逐运动着的物体，如果有人从宝宝面前经过，宝宝会扭动脖子，眼睛随着人影转动。

既然能看清东西了，就会对各种各样的物体产生兴趣。在宝宝能看到的地方，可以挂一些色彩鲜艳的玩具；父母也要主动到宝宝面前，让宝宝看到爸爸妈妈的模样。还要时常带宝宝出去换换空气，走一走，让宝宝有接触各种事物的机会。

宝涂上婴儿用的护肤油，保持 20 至 30 分钟左右，泡软以后就容易洗掉了。若变红渗水的话，就要去医院就诊了。

宝宝白天醒着的时间长了，夜里则能长时间地睡觉

这个时期，宝宝白天醒着的时间渐渐地长了。这时候，每天宝宝都会活动自己的身体或者被爸爸妈妈抱来抱去。夜里，有的婴儿能长时间地睡觉了。

如果宝宝能睡长觉的话，则要有规律地安排好宝宝白天和夜晚的活动。白天，让宝宝在明亮的能够听到生活声响的房间里生活，天气好的话就带出去散散步，尽量地陪伴着宝宝。另一方面，到了夜晚，就要用心创造出一个安宁的环境来。

可用冲洗的办法来清洁宝宝头上长出的脂溢性湿疹

宝宝皮肤的新陈代谢非常快，皮脂腺分泌出大量的油脂，油脂附着在皮肤上就会长出湿疹。变成疮痂似的就是脂溢性湿疹，额头和眉毛处特别容易长。

疮痂的部分可用浸泡过热水的纱布擦掉，或洗澡时用香皂或沐浴液冲洗掉。但是，如果洗擦过度的话，皮肤会变得很干燥，类似皮屑似的，所以对于脂溢性湿疹不必过于担心。

疮痂很厚时，可以在洗澡前给宝

哺乳的间隔时间拉长了，而且一次能喝很多

由于宝宝一次能喝很多奶了，哺乳的间隔时间也就拉长了。虽然有一定的个体差异，白天喂奶一般稳定在 5 至 6 次左右。

哺乳的节奏与白天起床晚上睡觉这样的生活节奏有着密切关系。夜里如果能睡比较长时间的觉，就可以一点一点地调节哺乳的节奏。

这个时期，很多母亲都担心奶水不足。奶水足不足有一个标准，即看两次哺乳的间隔。如果总是哺乳后1个小时又要吃，或者哺乳的间隔变短，也许就是奶水不足了。在这种情况下，试着喂一次奶粉让母乳休息一下，母乳攒足了再来给宝宝吃，这也是调整哺乳节奏的方法之一。

宝宝会对人笑，会发出声音。陪伴宝宝感觉很开心

随着视力、听力发育得越来越完善，在这个时期宝宝开始对周围的事情感兴趣了。逗逗宝宝，就会朝着你笑，还能发出"啊、唔"等声音。宝宝的这种声音被称为喃喃学语，是语言的原型。宝宝能用声音作出反应，父母陪着宝宝也就越来越开心了。

与婴儿接触时，关键是陪孩子的父母自身要快乐，要自由自在，要充满感情。开朗地笑着和宝宝说说话，抚摸宝宝的身体。如果嘴里哼着歌曲，那种充实而又快乐的情绪就会感染到宝宝的身上。能够和最亲最爱的爸爸妈妈在一起，心情愉快地度过美好的时光，对于宝宝来说，是非常有意义的事情，而且可以促使全家人都热情积极地对待生活。

2个月宝宝的育儿问答

宝宝眼前 20 公分至 30 公分的地方，慢慢晃动，宝宝会睁开眼睛追逐物体。这种 "追视" 的范围、对象会越来越广泛。

这个时期，婴儿的视力是难以测量的。但是一般认为 6 个月左右的宝宝的视力有 0.02 至 0.08 左右。"知道眼前看起来模模糊糊的物体是妈妈的脸庞"，在有了这种认识之前，宝宝视力依然是处于未发育完善的阶段。用眼睛追逐爸爸妈妈的身影，是由于在宝宝模模糊糊的视线范围内，听到了声音而感受到了动静，才会这么做吧。

眼睛发育

 宝宝能用眼睛追逐物体，是否表明能看见东西了呢？

两个月的婴儿能看多远呢？经常能看到宝宝用眼睛追逐爸爸妈妈的身影，那个样子太可爱了，是不是我们的错觉呢？

 近处的物体能模模糊糊地看到。

婴儿出生两个月以后，眼睛发育到可以模模糊糊地看到近处的东西了，但是影像还不是太完整。这个时期，把色彩对比度很强的物体放在

咳嗽

 宝宝在睡觉的时候，有时咳嗽会咳出痰来，怎么回事？

宝宝夜里睡觉的时候，有时突然会大声地咳嗽，并且是边睡边咳嗽 2 至 3 次，好像喉咙里有痰，所以很担心。

 这是由于婴儿喉咙里的口水引起的咳嗽，不必担心。

这也是经常被问到的问题之一。因为在宝宝咳嗽时，妈妈感到宝宝嗓

子里面有痰，会担心是理所当然了。但是这种咳嗽并不是什么病症，是在婴儿睡下不久和起床之前，受到喉咙深处储存的口水刺激，引起的咳嗽。您的宝宝是咳嗽2至3次就停止了，这没关系。如果说一直咳嗽不停的话，可以给宝宝吃点儿母乳或者喝一点凉白开水，调整一下呼吸，这样就可以使宝宝平静下来，再次进入甜美的梦乡。其实我们大人在咳嗽时也非常希望喝一口水，使之平静，婴儿也是一样的。

在出生后的3至4个月之前，宝宝由于口水而引起的咳嗽会经常发生的。但是如果不是属于上述原因而引起的咳嗽，请尽快到医院就诊。

鼻子堵塞

 宝宝鼻子堵塞一直让我很担心，是否再观察一段时间呢？

我觉得宝宝鼻子常堵塞，特别是在睡觉时看上去堵得很难受，是用吸鼻器帮助孩子吸一吸，还是再观察一段时间呢？

 不是由于鼻涕造成的堵塞，不必担心。

这个时期的婴儿，依然只靠鼻子来呼吸。因为鼻孔较小，身体水分又多，鼻子的深处有时会有堵塞的感觉。实际上这不是由于鼻涕造成的，没有必要特意去看医生。但如果宝宝确实难受的话，可以去找大夫咨询。

尿布皮炎

 宝宝容易得尿布皮炎，可以给宝宝涂药吗？

从出生1个月以后，宝宝总是得尿布皮炎，刚治愈就又出现了。如果皮炎好了，还能继续给宝宝涂抹从医院拿的药吗？

 首先确认从医院拿的是什么药。

宝宝的皮肤泡在湿热的尿布中，皮肤与皮肤之间的摩擦是造成尿布皮炎的原因。为了防止尿布皮炎，在换尿布的时候，要保持宝宝臀部的干燥。可以用干纱布擦干小屁股，也可以用扇子扇一扇。在医院拿的药我想可能是亚铅华软膏。这种软膏是用来防止娇嫩的皮肤相互摩擦，是保护皮肤表面的药，不是治疗尿布皮炎的药。在每次换尿布的时候擦掉也没有关系，而且也不会引起炎症。总之，在涂抹之前，确认一下究竟是什么药吧。

肚脐突出

 宝宝的肚脐突出越来越明显了，将来会收回去吗？

从出生后 1 个月左右开始，肚脐突出就特别厉害，在哭泣的时候尤其明显。健康诊断的时候，大夫说没关系，我还是担心以后能否收回去。

 宝宝腹肌长出之后，就会慢慢收回去的。

刚出生的婴儿腹肌很薄，特别是肚脐周围的肌肉几乎还没来得及长出来。所以婴儿在哭泣的时候，腹部压力就会从内向外冲，于是肚脐就鼓出来了。一直到 4 个月为止，肚脐突出都有变大的倾向，有的和大人的拇指一样大。

但是，随着腹肌发育成熟，鼓着的肚脐就会慢慢地收回去，到 6 个月左右，就基本正常了。因为会自然痊愈，所以不要用硬币之类的东西把肚脐压回去，那是没有效果的。

掏耳朵

 宝宝耳朵里黄色的脏东西掏不出来，怎么办呢？

宝宝耳朵里面藏有黄色耳屎似的污垢，我尝试着用棉棒和湿纱布掏，但是，又干又硬掏不出来。小耳朵都被蹭红了。不处理的话，又担心耳朵会出毛病。怎么办呢？

 这是自然分泌物，会渐渐减少的。

对于这些有一点味道、颜色发黄的东西是挺介意的，由于小耳朵被蹭红了而带宝宝来就诊的母亲确实不少。其实黄色像耳屎的东西是皮肤的分泌物，是会自然减少的。若是因为过度掏耳朵，引起炎症的话，反而让人更加担心。

现在这个月龄，耳朵的内部可以认为是"不可侵入的地方"。在洗澡之后，把耳朵入口处擦干即可。如果黄色分泌物变硬了，请到医院让大夫掏出来。

到了出生后 3 至 4 个月，分泌物会渐渐减少，现在最好别再给宝宝掏耳朵。

抓挠

 宝宝脸上有抓挠的伤痕，如何防止宝宝抓自己的脸呢？

宝宝手脚乱动的时候，有时会重重地碰到自己的脸。由于脸上有抓挠的伤痕，现在让宝宝戴着纱布作的连指手套。有时手会碰到眼睛，真担心啊。

 勤剪指甲，这是首选的解决办法。

过去宝宝老是睡觉，现在正是变得越来越活跃的时期。原来在脑袋旁边左右晃动的小手，开始伸到脸的前面了。这个动作是无意识的，有时碰到鼻子，有时碰到眼睛。要到3个月以后，宝宝才会有意识地做手上的动作。随着月龄的增加，自然地就会控制自己的小手，母亲的这种担心也就会消失了。

请常常给宝宝剪指甲，趁宝宝入睡的时候，比较容易剪。有必要的话也可以戴连指手套，有人担心会不会影响宝宝的活动和发育，其实目前宝宝不是靠自己的意志，而是无意识地做出各种动作，所以对这个问题没有必要太担心。

保护婴儿皮肤

 如何应对宝宝皮肤的各种病症呢？

因为宝宝的皮肤不太好，有乳儿湿疹、疮痂，还粗糙干燥，所以，在洗澡时，我总是给宝宝洗得干干净净，涂上护肤乳液。在家里，还能有什么别的护肤措施吗？

 不要清洗过度，注意皮肤干燥问题。

这个时期，在婴儿的皮肤中，起到保湿作用的角质还很薄，于是，大量地分泌一种被称为皮脂的油脂，来保护皮肤。患脂溢性湿疹、乳儿湿疹也正是由于这个缘故。以后随着婴儿的成长发育，婴儿的皮肤状态也会渐渐稳定下来的。现在，皮肤还处于发育的过程当中。

患湿疹以后，往往会认为必须洗干净才行。其实，皮脂是起保湿作用的，不能过度清除。如果每天都用香皂洗得干干净净，或许会把皮脂洗掉太多了。香皂2天用1次就足够了。

另外，在这个时期，并非每个婴儿的皮肤都是滑溜溜的。在容易干燥的季节里，可以使用加湿器等保湿方法，来保护宝宝的皮肤。

抱孩子

Q 在宝宝的脖子还不能支撑的时候，能立着抱吗？

从傍晚一直到晚上入睡，如果不竖着抱的话，宝宝常常大声哭闹。但是，在宝宝的脖子还不能支撑的时候，能竖着抱吗？

A 这时的哭泣是"黄昏哭啼"，竖着抱必须扶好宝宝的脖子。

1个月时宝宝是吃奶、睡觉、排泄。然后又是吃奶、睡觉……现在的宝宝则在发生变化。例如，不竖着抱，就哭个不停……可以说，这是婴儿的成长到了一个新阶段。到了傍晚，就突然开始哭闹，这种现象被称为"黄昏哭啼"。在渐渐地能感到白昼与夜晚的区别之后，就会出现这种现象。等宝宝再大一点儿，就会渐渐地消失。

竖着抱的时候，母亲的手要稳稳地扶在宝宝的脖子后面。只要不剧烈摇动，就没有问题。宝宝与母亲亲密地贴着，宝宝有一种被包裹住的感觉，恐怕此时的宝宝会感到特别的安全吧。

剪指甲

Q 宝宝的指甲剪到什么程度好呢？

我总是在宝宝入睡之后剪指甲。宝宝的指甲又薄又小，不知道剪多少才好。脚指甲有点翘曲，我担心剪得太多了。

A 把指甲修整得圆圆的就好。

宝宝的指甲又小又薄，有点翘曲像勺子的形状。第一次给宝宝剪指甲的时候，心脏一定是咚咚地跳个不停吧。总是担心剪得太多，究竟剪多少好呢，确实是一个难办的问题。

宝宝太小了，为了不让指甲伤到脸，很多宝宝都戴连指手套。但是让宝宝的小手处于自由自在的状态是最理想的。试试按照下面方法给宝宝剪指甲吧。

指甲如果有尖角的话，划到身上就容易受伤。所以，要把指甲上的尖角剪掉。要沿着指尖的形状剪得圆圆的，之后检查一下指甲有没有尖角的地方就可以了。也就是说，要抱着修整指甲的心态，而不是剪指甲的心态。这样，就不用担心剪得太多了。婴儿的指甲长得很快的，要经常修剪。

哭泣

 为了不让宝宝哭闹，有时一整天都让吮吸着乳头，行吗？

育儿书上说，如果宝宝哭了，能吃多少就给多少，我这样做了，但有时宝宝还是哭个不停，因此就一整天都让宝宝吮吸着乳头。这样做行吗？

 宝宝除了肚子饿了之外，应该还有其他原因吧。

这个时期的宝宝，除了肚子饿了之外，其他原因也会让宝宝哭闹个不停，比如，尿布脏了、腹胀或者是感到热了以及心里烦躁等。

如果吃过奶后马上又开始哭了，首先应该查看一下是否尿了、被褥以及宝宝所在室内的温度情况。如果是腹胀或者是心里烦躁的话，调整一下宝宝的姿势或者是抱抱宝宝也是很有效的。

另外还可以和宝宝说说话，轻轻地拍拍宝宝的后背，帮助宝宝搓搓手脚，宝宝的情绪也会一下子安定下来。

当然在找不到肚子饿以外的理由时，只要宝宝想吃奶就尽管喂也是可以的。因为这时期的宝宝仍然处于不太会吃奶的阶段，常常是刚刚吃完奶不久又想吃奶。

水分补充

 请问给宝宝补充水分的量以及时机？

我认为除了喂母乳以外，也应该给宝宝补充水分，比如，白开水、茶水，但是不知道喂多少才好，一天当中在什么时间给宝宝喂水好呢？

 在宝宝想喝的时候，喂宝宝喝。

虽然在这个时期宝宝只喝母乳或奶粉，水分也足够了。但是在炎热的夏季，宝宝会出很多汗，所以可以给宝宝饮用一些大麦茶或白开水。

但是喝的量最多也就是1口或者2口。准备好50毫升左右，在宝宝想喝的时候喂就可以了。

关于喂水时间，首先是早上起来的时候。因为在睡觉期间，由于出汗是需要补充水分的；其次是外出回来以及洗澡之后，也容易造成缺水。当然，宝宝不想喝的话也就没有必要非要喂他喝，是否需要水，宝宝自身最清楚。宝宝也会给妈妈一定的信息的，所以喝不喝水还是要看宝宝了。

给宝宝喝的水，必须是当天烧开的。如果不是生病的时候，不需要给宝宝喝离子饮料。

起床就寝时间

 如果宝宝睡懒觉不起床，是否应该早些叫醒呢？

宝宝从晚上 10 点至早上 5 点睡得很好。但是如果不叫醒的话，能睡到 11 点左右，是否应该早些叫醒宝宝呢？

 让宝宝感受白昼的气氛。

宝宝总是不醒的话，说明宝宝喝足了奶水，心满意足。您似乎担心宝宝睡得太多了。其实白天宝宝并不是在熟睡，而是处于一种迷迷糊糊的瞌睡状态，没有必要非要叫醒宝宝。

但是，希望您能想想办法让宝宝能区分白昼和夜晚。到了清晨，即使宝宝还在睡觉，也要把窗帘打开，使光线照进房间。让切菜做饭的声音、扫除的声音都传进宝宝的耳朵里。让宝宝生活在白天的自然的气氛当中，

这是在宝宝适应生活节奏过程中，最为关键的事情。

如果宝宝睁开了眼睛，就可以跟宝宝聊天："宝宝睡得好香呀，你看看今天的天空多么蓝啊！"好让宝宝快点儿醒过来。

生活节奏

 宝宝很晚才睡觉，让宝宝生活有规律的诀窍是什么呢？

也许是因为总在宝宝的房间里发出响声，宝宝很晚都不睡。怎样做才能让宝宝过上有规律的生活呢？另外，那种穿着睡衣，有规律的生活大概从几个月开始好呢？

 营造一个恬静的、让人感觉到夜晚气氛的环境。

肚子饿了就哭，吃了奶就睡，是这个时期婴儿的生活方式。能够按照昼夜的规律生活还要过一段时间。可能的话，从这个时期开始，就要让宝宝感觉白昼与夜晚不同。

夜晚还是应该有个较暗的、恬静的环境，如果家里还有另外房间的话，可以让宝宝晚上睡在那里。如果是和父母在同一房间睡的话，可以用屏风

尽可能地遮挡住灯光，或从天花板上垂挂一个帘子，为宝宝准备好一个休息的空间。调小一点电视机的声音，说话的声音也适当压低，让家里具有夜晚的气氛。

至于说到睡觉时换上睡衣，过有规律的生活，这是1岁过后的话题了。现在这个时期，只要让宝宝穿上清洁宽松的衣服就可以了。

中间出量最多。有横向出来的；也有斜着出来的……宝宝若是习惯了，会吸到最多的地方。如果吸吮好的话，就不会咽下太多的空气了。

您的宝宝一定是个非常会吃奶的婴儿，不见得非要打出嗝来不可。您依然可以和以前一样，喂完奶后，竖着抱一会儿，觉得不像是要打嗝的样子，就可以放下来。如果您实在担心的话，可以让宝宝侧着躺。

打饱嗝

 吃完奶后，不打饱嗝也没关系吗？

宝宝吃完奶以后不打饱嗝。为了让宝宝打嗝，我采取了立着抱，拍后背的方法。但持续10分钟也没有效果，宝宝还挺难受，于是就放弃了。

 可能是宝宝很会吃奶的缘故吧。

一般和奶水一起咽下的空气，会随着打嗝或者放屁排出来。但吃奶的时候，也不一定会喝下很多空气。立起抱10分钟也不打嗝的话，也许是因为没有喝下那么多要靠打嗝才能排出的空气。

而且，奶水也并不都是乳头的正

辅食

 出生2个月就开始给辅食，是不是太早了呢？

宝宝最近表现得特别想吃父母做的饭菜，喝奶粉的时候还边喝边玩。辅食是否太早了呢？本来考虑，在宝宝出生2个半月的时候，开始给宝宝吃米汤，没关系吗？有点儿担心。

原则上是在宝宝做好了接受辅食的准备之后开始为好。

一般来说，正式给宝宝吃辅食是从5至6个月开始的。随着月龄的增加，消化机能也越来越好，而且那时仅仅依靠母乳营养是跟不上的。另外，如果可以看到，宝宝一边盯着父母吃饭，一边流着口水的现象，这也是开始给辅食的一个信号。辅食是婴儿做好了以上这些准备之后才能开始的，这是个基本原则。因此正如您所讲的那样，现在给您的宝宝吃辅食是太早了。

这个时期，确实也是容易出现婴儿边吃边玩的现象。反正宝宝饿了就会吃的，所以，当看到宝宝开始边喝奶粉边玩的时候，感觉宝宝不想喝了，就可以试着暂时不喂了。那么，在下次喂奶的时候，宝宝一定会饿得大口喝的。

来，有时会又哭又闹，甚至出现了"黄昏哭啼"这种现象。

若是宝宝由于肚子饿了而哭闹的话，让宝宝吃饱喝足了倒也无妨。但也要考虑到哭闹或许还有其他的原因。所以，可以稍微抱一会儿宝宝，待宝宝安静之后，再轻轻地放回床上，有时也会马上睡着的。

哺乳的节奏关系到宝宝入睡和起床的规律。在出生后3至4个月的时候，可以渐渐地把喂奶与睡眠的时间调整好，这样的话，哺乳的间隔也就会相应地拉长了。

哺乳间隔

 到了傍晚，宝宝频繁地要喝奶，怎么办好呢？

到了傍晚，喂奶的间隔变得很短。是宝宝想吃就给呢，还是规定一定的间隔为好呢？

 要同时考虑喂奶与睡眠的节奏。

傍晚对于母亲来说是个忙碌的时间段，收拾整理衣服以及准备饭菜等家务事，让人忙得不可开交。宝宝也能感受到这种气氛而开始变得不安起

哺乳时的苦恼

 喂奶时，宝宝不肯松嘴，就只好一直等着吗？

每次喂奶的时候，宝宝一开始会大口地吃得很香。但到后来就吃一点松开嘴，再吃一点又松开嘴，一直这么反反复复。最后总是我把乳头拿开，把宝宝抱起来。本想让宝宝打嗝，但是宝宝不乐意，有时会哭闹不停。难道我要等到宝宝自己松开口不吃了才行吗？

如果满足了宝宝心理上的需要，就可停止喂奶。

婴儿的吃奶方式都是千差万别的。即使是同一个宝宝，每次吃奶时，表现也不一样。这个月龄的宝宝由于吸吮方法还没有完全掌握好，或者由于奶水量不稳定，所以哺乳也不顺利也是没有办法的事。要顺畅地哺乳，还需要一点时间。

哺乳时，前半段能吃 7 成左右，剩下的 3 成在后半段则一边休息一边吃，这是这个时期婴儿普遍的吃奶方式。特别是后半段时间，宝宝总是一边休息，一边玩儿。母亲既要满足宝宝的生理需求，又要满足宝宝的心理需求。在感觉宝宝心理上已经得到了满足以后，就可以停止喂奶，让宝宝打嗝了。如果这时宝宝不高兴而哭闹，也没有关系，不用在意。

生活节奏

 夜里每隔 3 至 4 个小时就要喂奶，到何时为止呢？

我感到宝宝已经能觉察到昼夜的区别了，但夜里肯定会每隔 3 至 4 个小时就被宝宝的哭声吵醒，夜里前前后后要花 1 个小时左右来喂奶。我想宝宝也应该快到睡整宿觉的时候了吧。目前这种状态要到何时为止呢？

 现在的宝宝还是需要夜间喂奶的，再忍耐一段时间吧。

因为宝宝处于身体发育成长很快的时期，需要吃大量的奶水补充营养。但是婴儿消化吸收的能力还不完善，一次吃不了那么多，所以，这个月龄的婴儿晚上就会哭着要吃奶。

对于母亲来说，现在也许是很辛苦的时期。再过一段时间，在宝宝出生 3 个月以后，消化吸收能力大大提高，白天能喝充足的奶水了，夜里就没有必要吃奶了。

因为每个婴儿都不同，所以无法回答"到何时为止"，但肯定会有那一天的。在母亲慢慢地适应夜间哺乳之后，就能减轻一点这种辛苦的感觉。夜里宝宝哭闹的时候，再稍微辛苦一下喂喂宝宝吧。

另外，到了早上，让宝宝自然地听听清晨的声音，看看大家忙碌的身影，可以帮助宝宝养成有规律的生活节奏。

旅行

Q 什么时候可以带宝宝去住宿旅行呢？

因为大孩子特别喜欢外出，因此小宝宝也经常一起到外面去，在外面的时候，宝宝的情绪可好了。大孩子说想早点儿去住宿旅行，什么时候可以带宝宝一起去呢？

A 在时间上没有什么标准，但要以婴儿优先。

从什么时候开始可以带宝宝出门旅行是没有具体标准的。为了回故乡，产妇带着尚未满月的婴儿乘飞机的事情也发生过。但是如果是以旅行为目的的话，就另当别论了。一方面乘车时间肯定会较长，另一方面，不会有太多宽裕的时间。而婴儿对环境的变化是很敏感的，说不定会哼哼唧唧哭闹的。所以，带宝宝出去旅行的时候，要充分考虑到这一点，以宝宝的事情优先，安排一个非常宽裕的旅行日程。

要尽量缩短乘车时间，开车的话要经常把宝宝从婴儿席上抱下来，在住宿的地方要充分地休息好。住宿的附近如果有公园的话，可以像平常出门那样，带宝宝出去转一转。

3个月

头能抬起来了

宝宝长得相当大了，对着宝宝摇动拨浪鼓，就会咯咯地笑个不停。

马上脖子就能支撑住了，趴着的时候会抬起头来

脖子已经有一定的支撑力了，睡觉的时候也会经常转动脑袋。轻轻地扶着宝宝的脖子，能很稳地竖着抱起来了。再过几天，脖子就会变得完全结实有劲儿了。

另外，让宝宝趴着的话，头可以抬起相当长的时间了。这是因为宝宝发现，趴着看到的风景与躺着看到的风景，感觉不一样，这对于宝宝来说，可是一件感兴趣的事情。

体重是出生时的 2 倍左右

在出生后 3 个月的时候，婴儿的体重会长到出生时的 2 倍左右。由于身体的各项机能发育得相当成熟，父母也终于可以松一口气了。

从这时起，体重不会像以前那样增长得那么快了。而且，也开始出现体格上的个人差异。有的父母担心自己宝宝的体格，其实宝宝是按照自己的速度成长发育的，大人只要关注着宝宝就可以了。

经常可以看到手和口的关联动作

手的动作越来越活跃，开始想抓身边的东西了。抓到了东西就会拿到眼前一直盯着看，或者会拿到嘴里舔舔。开始喜欢玩拨浪鼓之类的、晃动后就能发出声音的玩具了。

另外，会做一些手和口的关联动作了，总是把手放入口中。这个时期，婴儿吃手指的行为，是发育阶段的一个过程，对于宝宝来说也是一种玩耍的方式，所以，不必制止宝宝的这种行为。

表情是情绪的反映，要积极响应宝宝的表情

逗逗宝宝，宝宝就会朝你笑；大便的时候，脸上就会憋气用劲。现在是婴儿表情变得丰富的时期，对宝宝表情的变化，要积极给予响应。逗宝宝笑的时候，要说"真可爱呀"，"又笑了啊"之类的话。一定要经常跟宝宝打招呼，宝宝也在追求这种感情丰富的接触呢。

表情反映了自己的情绪。宝宝特意表达出来了，如果周围的人却冷淡对应没有反应的话，宝宝会感到不安的。总之，要和宝宝打招呼说话聊天，与宝宝的这种天真无邪的接触，在这个时期是非常重要的。

黄昏焦虑症要靠母亲想办法克服

白天清醒，夜晚能长睡。婴儿快到过这种生活的时候了。

在昼夜交替的黄昏时刻，也是交感（白昼）神经和副交感（夜晚）神经相互交叉的时间带。白天的疲劳感也在此时集中表现出来，婴儿的情绪

因此变得焦躁不安。而且，母亲又在忙于准备晚饭，于是婴儿就会出现所谓的"黄昏焦虑症"。

如果身边有爷爷奶奶，可以请他们抱着宝宝出去散散心，让宝宝转换一下心情；或者母亲提前准备好晚饭，在黄昏到来的时候，就可以为宝宝腾出时间来了。总之，采取各种方式来克服宝宝的黄昏焦虑症吧。

在宝宝能够完全按作息规律来生活的时候，黄昏焦虑症就会自然消失的。

接受出生后3至4个月的健康诊断，并咨询自己忧虑的事情

宝宝出生3至4个月时，要接受健康诊断。除了检查身高体重等身体发育状况之外，还要检查脖子的支撑，眼睛的转动，对声音的反应，股关节脱臼以及有无斜颈等。

健康诊断在检查宝宝健康状况的同时，还是一个育儿咨询的好时机。可以把平日担心的事情，例如：宝宝哺乳的情况，情绪的好坏以及睡眠时间的长短等问题，咨询现场的医生。

另外，也可以接触到很多同样月龄的宝宝，是互相熟悉的好机会，应该积极利用。

第一次打免疫预防针，注射BCG（结核病免疫）

在 3 至 4 月的健康诊断及其前后，会收到政府机关寄来的注射免疫通知。首先是 BCG，即结核病的免疫预防针。许多地方都是和 3 至 4 月的健康诊断同时进行的。

以打 BCG 免疫针为开端，到 3 岁左右为止，必须打好几种免疫预防针。各种免疫预防针应该按怎样的顺序接种，很多父母都摸不到头脑，搞不清楚。

作为基本顺序，出生后 3 个月左右是 BCG。其次是三种混合（DPT，即百日咳、破伤风、白喉），DPT 要注射三次。在这期间，可以接种小儿麻痹的免疫预防针。但是未必非要按照顺序进行，只要把每次接种免疫预防针的时间适当隔开就可以了。

接种时最应该注意的是副作用。最近关于免疫预防接种的信息非常多，可以参考一下这些信息。

但是正因为目前对免疫预防接种有赞成和反对两种不同的意见，所以不要随意被这些信息所左右，应该重视那些担负着养育儿女重任的父母的意见。另外，我建议可以去咨询经常接触自己宝宝的儿科大夫。

3个月宝宝的育儿问答

的话,也许就会感到有一点儿焦虑吧,其实根本没有关系。

婴儿脖子的支撑力是有个体差异的,有的早点儿,有的晚点儿。在这个月龄,即使脖子完全支撑不住也没有问题。只要宝宝过得很健康很快乐,不久脖子就会变得结实了。不要过于着急,可以等到半岁左右再看看。

婴儿的成长是不能用尺子来衡量的。可以用"快了快了"、"早晚能做到的"之类的词汇来乐观地观察,这样的话,育儿就会变得更加有意思了。

脖子

 宝宝的脖子什么时候才能完全支撑住呢?

我家宝宝的脖子现在还是不能完全支撑住。躺着的时候向上拉宝宝的双手,脖子会软软地耷拉下去。趴着的时候,脸也是侧向一边,根本没有抬头的迹象。

 这是有个体差异的,再耐心地等等。

我想这是由于育儿书上大都写着出生后3至4个月婴儿的脖子就有支撑力了的缘故吧。这样一来,如果自己的宝宝马上就要到4个月了还不行

睡觉翻身

 宝宝翻过身之后,却翻不回来,怎么办呢?

宝宝终于会翻身了,一下子就能翻成趴着的状态。但宝宝自己却翻不回来,会不会窒息呀?好担心呀。

 要小心地看好宝宝,直到完全会翻身为止。

这个时期,宝宝的翻身是先把上半身拧转过来之后,下半身再顺势翻过来。从趴着的状态再翻回去也是以这个"拧转"的动作为中心进行的。

要想做好这个动作，脖子必须有一定的力气才行。您的宝宝才3个月，估计脖子还没有那么大的力气。您所说的"翻身"，恐怕是宝宝在蜷曲着身体的时候产生的反作用力，偶然地翻过来的吧。

脖子如果没有力气，婴儿在趴着的时候是扬不起头的，需要加以注意。特别是在做家务事的时候，往往容易从宝宝身边走开，要尽可能地随时照看宝宝。如果趴着了就要把宝宝翻回去，我想您的宝宝腿很有劲儿，真正会翻身的时期快要到了。

耳朵的形状

 宝宝有一只耳朵有点走形了，没事吧？

宝宝在出生的时候，右耳是被手垫着才生出来的。或许是由于这个原因，右边的耳朵有点走形了。今后会和左耳长得一样吗？

 随着发育，会变得不明显的。

耳朵是容易变形的部位，即使现在这个时期发现了变形，随着婴儿成长发育，大都没有什么问题。会变得

正常的，不必那么担心。

另外，任何人不管是眼睛、脚，还是耳朵，左右并不是百分之百对称的。当然，如果变形的程度比较严重，还是应该到儿科，请大夫给看看。

身上的痣

 宝宝的脖子后面有一块斑记，这是怎么回事？

宝宝脖子后面有一块拇指大小，红色的像是斑记或肿块似的东西。也不知道宝宝痒不痒，没有问题吗？

 这是迟早会变得不显眼的。

宝宝脖子后面的痣恐怕是沿着身体的正中间那条线长出的母斑，也叫"UNNA母斑"，因为有种传说，说婴儿是鹳叼来的，所以别名也叫"鹳吻痕"。要过数年以后才会消失，不必担心。

另外，也有不掉的例子。但随着婴儿的发育成长，由于皮肤的生长，颜色会随之变淡的，注意观察是如何变化的吧。

接种卡介苗之后，没有留下太多的疤痕，没有关系吗？

我听说在接种完卡介苗，过一段时间会红肿的。但现在只有一些零零散散的注射疤痕，数量上也是只有8至9个左右，有问题吗？

注意观察今后的变化，不放心就找大夫咨询。

接种卡介苗之后，注射的部位会星星点点变得红肿，然后又会消失一段时间。再过2至3周左右皮肤就会浸润化脓，数周之内变成疮痂并脱落。所以，现在也许是浸润化脓前的阶段，再稍微等等看吧。

卡介苗接种必须扎得比较深，否则会没有效果的。有9根针的戳子在上臂要扎2回，通常会留下18个疤痕。但是比起数量来说，更重要的是扎得够不够深。如果不放心的话，可以去咨询儿科大夫。

鼻子的清理

想让宝宝的鼻子通通气，宝宝却大哭大闹，怎么办呢？

宝宝非常讨厌清理鼻子，我曾想用棉棒给宝宝清理鼻子，可宝宝却大哭不止。但是不管的话，鼻子有时会呼呼地响，吃奶的时候也挺难受的。

只能清理鼻子入口，不能勉强。

我认为没有必要那么积极地清理宝宝的鼻子，硬是要做的话，有可能伤及鼻黏膜，反而不好。这个时期婴儿的鼻子本来就是相当狭窄的，黏膜又比较容易肿胀，造成鼻子不够通畅。这是鼻子呼呼作响，哺乳时显得难受的根本原因。

如果宝宝打喷嚏，在鼻子的入口处看到了喷出东西的话，可以适当清理一下。如果宝宝在吃奶的时候觉得难受，可以暂时中断，调整好呼吸后再喂奶。

吃手指

宝宝总是在使劲地吮吸小拳头，可以这样吗？

宝宝在犯困的时候，会使劲地吮吸着小拳头。曾经试着给换过奶嘴，宝宝却不乐意。让宝宝就这么继续吮吸可以吗？

这是自然的反射反应，不用管宝宝。

运动机能发育到一定程度，能把小手拿到嘴边了，宝宝就会吮吸小手或手指了。可以说这是自然的反射反应，吮吸的时候，宝宝会感到安心的。但不会一直持续下去的，所以不必管宝宝。

如果宝宝不愿意用奶嘴的话，也不必勉强让宝宝吮吸。

解大便的烦恼

 宝宝1天8回大便，是不是肠胃不好呢？

大便1天5至8回，基本上都是水分。是不是肠胃不好呢？宝宝只吃母乳。

 这是吃母乳的自然反射反应，有时还会边吃边拉出大便的。

喝母乳的婴儿，大便大多都很软。这个月龄的宝宝，一般来说，大便的次数也是很多的。您的宝宝多的时候1天能拉8回，可能是在哺乳的时候拉出来的吧。

刚出生不久的婴儿，有一种反射反应，即一吃奶就会拉大便或者尿尿，您的宝宝或许就是受这种反射反应的影响吧。从这种反射反应消失开始，大便的次数就会渐渐地减少的，所以不必担忧宝宝的肠胃出问题了。

应该注意的是，大便是否和平时不一样。如果颜色显得奇怪，气味刺鼻以及大便次数极端地变多的话，就要拿着宝宝的大便去儿科就诊了。

解大便的烦恼

 宝宝排不出大便时，会采用棉棒或者灌肠的方法。好吗？

宝宝2天才拉1次大便，拉的时候显得很难受，我就用棉棒刺激宝宝的肛门。是否应该让宝宝用自己的力气排大便呢？用棉棒或者灌肠的方法会不会成为习惯性的呢？

 注意大便的软硬程度，灌肠也可以适当利用。

每个婴儿大便的次数有所不同，即使2天1次，若是不硬的话也没有问题。如果硬得出不来显得很痛苦的话，可以在宝宝憋气使劲的时候，用棉棒或手指在宝宝肛门上涂抹油脂类或雪花膏之类的东西。

每天都解大便的婴儿，如果突然

3 至 4 天都不解大便的话，就可以考虑灌肠了。便秘会成为习惯性的，但灌肠不会。

宝宝认生

 看到妈妈以外的人就会大哭，如何才能让宝宝不认生呢？

有时把宝宝交给爷爷奶奶或爸爸照看，结果只要一发现我不在身边就会哇哇大哭，所以，我很难出门。宝宝如此认生，真让人头疼，怎样才能让宝宝不认生呢？

 这是由于宝宝感觉什么地方不一样了，慢慢让他习惯吧。

由于宝宝感觉到了什么地方不一样，所以被母亲以外的人抱着就会哭泣起来。因为被抱的感觉不一样，而且没有母乳的奶香味。宝宝觉得这个人不是自己的妈妈，就会感到不安的。在这种情况下，可以在宝宝情绪比较好的时候，以一种很自然的方式，让宝宝接触爷爷奶奶以及爸爸，使之慢慢地习惯与别人相处。

比如，妈妈站在旁边，让爸爸抱一会儿。如果此时宝宝情绪没有变化，依旧很好的话，妈妈可以试着走到别的房间去。另外，即使爸爸抱着的时候哭了起来，也可以继续由爸爸照应直到不哭为止，让父子一直在一起。慢慢地宝宝就会有这种感想："妈妈不在身边也没事儿。"

出门

 散步的时机总是掌握不好，怎么办呢？

宝宝吃完奶就睡觉，掌握不好散步的时机。2 至 3 天出去散步一次可以吗？

 可以在宝宝醒来之后再去散步。

宝宝快到按白昼和夜晚的规律生活的时候了，最好是 1 天出去散步一次，让宝宝实际感受和体会白昼的亮度。

即使吃完奶就睡觉，一般将近 1 个小时以后就会醒来，这是出去散步的好时机。

在两次睡眠之间醒着的时候，给宝宝一定的刺激（哺乳、玩耍以及接触人），宝宝睡眠的时间就会延长，夜晚也会睡得很香甜的。

睡眠时的烦恼

 对宝宝踢被子有什么好办法吗？

宝宝因为讨厌被子，即使睡着之后给盖上也会踢飞的。尤其是天冷的时候，特别担心。有没有好办法呢？

 先在肚子上盖1个被子，之后再盖1个。

寒冷的季节，夜里还要注意暖气的温度。17至22度的室温比较适宜，以这个数字为标准吧。

这个时期是宝宝手脚都极为活跃的时期，睡着之后踢飞被子也是没有办法的事情。最好给宝宝盖两个稍微薄一点的被子。在还没有睡着、身子动来动去的时候，重点在肚子上盖一个被子。等睡熟以后，再盖一个。这样对于防止手脚从被子里伸出来有一定效果。

建议使用轻一点儿的，保温性和保湿性都比较好的被子。重被子对于宝宝有压迫感，就更爱踢被子了。当然，还要注意夜里暖气的安全问题。

洗澡时的烦恼

 在家里的浴室里洗澡时，宝宝大哭不止，怎么办呢？

宝宝在出生到3个月之前，都是用婴儿专用浴盆洗澡的。最近，开始在家里的浴室里洗了，但宝宝大哭大闹非常不愿意，有没有能让宝宝习惯的好方法呢？

 营造一个开心的气氛，让宝宝能轻松悠闲地洗澡。

大人用的浴槽和婴儿专用浴盆感觉上完全不同，被放进浴槽的婴儿当然会感到不安，甚至觉得可怕。可以把宝宝再放回婴儿专用浴盆，然后看准时机重新让宝宝挑战一下。

或者，在洗澡之前，先和宝宝开心地玩耍，然后在乐融融的气氛中再把他放入浴槽。"你看没关系吧，多舒服呀。"父母首先要以一种轻松悠闲的心态，一边笑着一边这样安慰宝宝，使之安定下来。

作息时间

 宝宝夜里零点以后才睡觉，这会对生活节奏产生影响吗？

宝宝夜里也不哭，能连续睡6至7个小时。但是就寝时间基本上是深夜零点过后。所以，担心会不会对今后的生活节奏有影响呢？

以幽暗寂静的环境，转换昼夜的节奏。

宝宝夜里也不哭，能连续睡 6 至 7 个小时，说明您的宝宝发育状况是非常好的。要想让婴儿顺利入睡，把白昼的节奏转换为夜晚的节奏是非常重要的。用调暗室内的照明，降低身边发出的声响等方法，营造一个幽暗寂静的环境。

如何哄宝宝睡觉也很重要。要尽可能地静静地哄宝宝睡觉，也不要用什么语言，只是轻轻地晃动身体或者拍着宝宝的后背即可。为了调整好昼夜的生活规律，从现在起就动脑筋想办法吧。

生活节奏

 由于洗澡时间很晚，宝宝很难入睡，怎么办呢？

因为总想把宝宝的生活节奏调整得和大人一样，不知不觉中洗澡的时间就拖得很晚，夜里 10 点以后洗澡也是常有的事情。虽然洗完以后立刻让宝宝躺下睡觉，但是很难睡得着。

 在手头空闲的时候，早点给宝宝洗澡。

对于大人来说，洗澡是消除疲劳、消除精神紧张的好办法。"今天终于结束了，好好地睡一觉吧。"对于大人来说，是一种就寝前的"仪式"。但对于婴儿来说就不一样了，洗澡是和时间无关的事情，是白天生活中的刺激之一。宝宝一边用皮肤感觉着热水的温度，一边与父母进行感情交流。这种刺激使得新陈代谢更为活跃，所以，即使让宝宝睡觉，也是睡不着的。

另外，应养成宝宝早睡的习惯，所以就寝时间拖到深夜，还是应该避免的。在晚饭准备完了之后，稍微有点儿空闲时间的时候，就应考虑一下如何设法尽早给宝宝洗澡的事情了。

午睡

 宝宝不喜欢睡午觉，这样没有问题吧？

我家宝宝基本上不睡午觉，但夜里能长时间地睡 10 个小时左右。中午只睡 1 到 2 次，每次只有短短的 15 至 20 分钟。这样有没有问题呢？

根据午睡时间的长短，关注宝宝的情绪。

我认为您的宝宝午睡的时间稍微短了一些。但是婴儿的睡眠时间是有个体差异的。如果宝宝的成长发育非常顺利、非常活泼好动，就不必担心。像您说的那样，夜里能睡 10 个小时，您应该感到开心，庆幸这是一个非常好养育的宝宝。

宝宝如果午睡醒来以后，情绪很好的话，就不用管他。如果醒来之后又哭又闹的话，也许就需要给宝宝营造一个安静幽暗的环境，让宝宝再睡 40 至 50 分钟左右。

宝宝再稍微长大一点儿会爬了以后，随着活动量的增加，宝宝会感到疲惫的，那时午觉就会睡时间长一些。当形成"活动"、"午睡"、"夜晚睡眠"这样的规律之后，午睡过短的现象也就会自然地解决了。

体型的大小

 我家的宝宝是一个比较大的婴儿，会不会得肥胖症呢？

宝宝出生的时候就有 4 公斤重，现在都 8.5 公斤了。虽说宝宝能吃多少母乳我就喂多少，但是这样下去会不会得肥胖症呢？我非常担心。

 您家的宝宝是虚胖，肥胖的忧虑是将来的事情。

那些出生时就比较重，之后长得胖胖的婴儿，他们在吃母乳或奶粉的这个时期，体重的 90% 都是水分。即使显得胖乎乎的，也只是虚胖。一般认为这与将来会不会得肥胖症没有直接关系。

对肥胖症的忧虑是从幼儿期开始的事情，肥胖症的主要原因是与饭量的大小及生活习惯有关。一般认为磨磨蹭蹭地吃饭以及乱吃零食对身体的肥胖是有相当大的影响的。

目前这个阶段，母乳或奶粉的量喂多少合适，最好咨询一下大夫，同时自己也加强观察。而且，脑海中要有一个清醒的认识，长得个子大与肥胖症是两回事。

哺乳的烦恼

 我在服药期间，最好停止哺乳吧？

晚上，我喂完宝宝之后，要喝治疗花粉症的药。那么夜里是否不喂母乳而改喂奶粉呢?

 这个问题要咨询主治大夫。

有些药品对哺乳没有影响,但有些药品吃了之后就不能哺乳,例如,治疗癌症的药,抗甲状腺的药等。所以,一定要咨询主治大夫。

另外,即使是对于哺乳没有影响的药,如果自己还是感到忐忑不安的话,干脆就换成奶粉或许更好。因为母亲的不安感是育儿的大敌。

哺乳时间的长短

 喂完奶之后,宝宝好像还没有吃够,怎么办呢?

喂完奶之后,宝宝好像还想吃,小嘴不停地在动。再喂的话,就会长时间地吮吸着不松口,我不能去做其他的事情。是否喂完之后,不用再介意宝宝还要不要吃奶呢?

 分3个阶段哺乳,让宝宝的肚子和心理上都能得到满足。

即使很会吃奶并能在比较短的时间内吃完奶的婴儿,有时依然会觉得没有吃够。这是由于在心理上没有得到满足,所以哺乳时间最好再稍微延

长一点儿。

一般来说,宝宝在前10分钟能吃7至8成左右,之后的10分钟是一边玩耍一边吃完剩下的2至3成,至此宝宝的肚子饱了,嘴上也满足了。关键是后面的这10分钟,要把宝宝抱起来,把嗝打出来。让宝宝有一个饭后休息的时间,这时可以跟宝宝说说话,比如"宝宝吃得真多呀","肚子饱了,对吧"等等,花上10分钟与宝宝进行交流。这样,宝宝在情绪和心理上都能得到满足了。

在这之后,再把宝宝放在床上。即使有点儿哭泣,得到满足的婴儿过一会儿就会睡着的。

哺乳节奏

 宝宝一哭闹就喂奶,结果造成几乎没有间隔,怎么办?

白天有时候宝宝显得不高兴,无论怎么哄都哭闹很磨人。于是只好喂奶,常常喂奶的间隔时间1个小时都不到。

 想办法消除宝宝除饥饿以外哭闹的原因。

婴儿哭闹有时不仅仅是由于肚子饿了。宝宝在不知如何进入玩耍状态

时，也会哭闹的。母亲可以在与宝宝聊天的同时，哄着宝宝玩，也可以让宝宝听听音乐。用这些办法让宝宝知道怎样去玩耍。

另外也许是由于宝宝一直是同一个姿势躺累了，从而产生了烦躁的情绪。这时可以把手伸到宝宝的后背，轻轻地给宝宝做做按摩。或者只需改变一下睡觉时脸的方向，宝宝也会感到轻松许多，不再哭闹了。还可以立着抱一会儿，或是让宝宝趴一会儿，这些改变姿势的方法都是比较有效的。当然，由于睡眠不足宝宝也会又哭又闹的，所以也要注意宝宝睡眠时间的长短。

哺乳也快到了有规律时期了，不要一哭就喂奶。花费一点儿时间，抱着宝宝在室内散散步；打开窗户换换新鲜空气等，想办法让宝宝转变注意力，这是这个时期应对宝宝哭闹的窍门。

哺乳的烦恼

 追加奶粉之后，宝宝全吐出来了，怎么回事？

宝宝的体重这个月基本没有增加，于是 1 天喂完 3 次母乳之后再喂奶粉。但在 1 个小时之后全都吐出来了，是不是喂得太多了呢？

 给宝宝一点儿饭后休息的时间，使之能够平静下来。

也许宝宝虽然母乳吃得不错，但却不太会喝奶粉的缘故吧。所以，喝奶粉的时候咽下大量的空气，我想这就是吐奶的原因。吃完之后，抱着宝宝使之能够充分排气（打嗝），让宝宝饭后休息 30 分钟左右。

通过休息，宝宝的情绪和肚子（胃）都能平静下来，之后再让宝宝睡觉，也许就不会再吐了。另外，如果只是滴滴答答地吐一些出来的话，则不用担心。

辅食以及准备

 果汁和大麦茶好像宝宝都不喜欢，怎么办？

为了让宝宝适应除母乳之外的其他味道以及习惯用勺子，试着喂了一点儿果汁和大麦茶。但宝宝立刻表现出非常讨厌，"呸"的一下吐了出来。我真担心宝宝以后能否正常地吃辅食。

母乳以外的饮料目前还太勉强，别强迫宝宝喝。

婴儿有时会接受不了果汁的酸味，可以冲稀一点，大麦茶也是一样。最关键的是，宝宝不愿喝的话，不能强制。如果逼着宝宝喝，果汁和大麦茶这些饮料会作为厌恶的对象留在宝宝的脑海中，将来也许会真的讨厌这些饮料的。

另外，时机也很重要。在洗澡后嗓子干渴的时候，估计宝宝需要补充水分了，可以稍微地让宝宝尝尝看。因为不锈钢的勺子感觉冰凉，宝宝不易接受，不如换成木制的或塑料的勺子。

最近普遍认为，在出生后 5 至 6 个月之前，没有必要给宝宝喝奶水以外的东西。

大孩子与小宝宝关系

 大孩子大声哭叫的话，小宝宝会感到不愉快吗？

大孩子比小宝宝大 5 岁。他在小宝宝出生以后，常常因为一点儿小事就会闹别扭而大声哭闹。我生气地批评他，反而引起更激烈的反抗。三番五次这样闹下去，小宝宝会不会也感到不愉快呢？

 和大孩子一起照料小宝宝吧。

大孩子的这种行为就是所谓的"返回婴儿状态"吧。而小宝宝会把发生的事情看在眼里的，要克服目前的状态必须处理好与大孩子的关系。

在小宝宝睡觉的时候，多与大孩子在一起，给他讲一讲大孩子褓褓时期的事情，这样做效果是很好的。当他明白自己很小的时候，妈妈也是这样照料自己的，大孩子就会从心里真正理解母亲的。

还可以积极地让大孩子帮忙照顾小宝宝，而且在大孩子帮忙之后，要用语言把自己的感谢之情表达出来。比如："帮我把小宝宝的尿布拿过来好吗？"拿来之后说，"太好了，帮了妈妈大忙了"，等等。

大孩子认识到自己在帮妈妈的忙，而且被妈妈认可了，他会感到非常开心的，而且他也会切实地理解到自己与母亲的关系和婴儿与母亲的关系是不一样的。

4 个 月

手脚的活动很活跃了

脖子稳定有劲，对周围的事物越来越感兴趣。手脚的活动很活跃，一副非常开心的样子。

婴儿的脖子基本上都能很好地支撑住了

在趴着的时候，头和肩膀都能抬得很有劲。如果竖着抱的时候，脖子后面不用扶着也很稳定的话，就说明脖子能支撑得住了。

如果能够按自己的意识转动头部，婴儿就会把目光投向更宽阔的世界。醒着的时候，为了让宝宝看到周围的情况，可以给宝宝变换一下躺着的姿势，或者把宝宝从床上抱起来。脖子能够支撑以后，也更容易抱了。更多地带宝宝出去散散步吧，母亲也可借此机会转换一下心情。

正因为宝宝还小，发烧的时候要加以注意

从母亲那里得到的免疫力，到出生 4 个月以后就没有了，但婴儿在 7 个月以前是不容易发烧的。家里若有人得了感冒，有时会传染给宝宝。但这个时期的婴儿基本上不会得什么大病。

可是，并不是说这个时期的宝宝发烧不会超过 38 度。在仅仅依靠从母亲那里得到的免疫力与"外界"作斗争的这个时期，宝宝自身的免疫力还远远帮不上忙。所以，万一发起高烧来的话，也许隐藏着什么别的重度

感染病症。

因此，家里人以及兄弟姐妹在生病的时候，最好把宝宝安置在别的房间里。

可以用整只手去抓东西并放入口里加以确认

手的机能发育之后，就可以用整只手去抓各种东西了。而且，抓到的东西可以说百分之百会放进嘴里或舔或吸吮。对于婴儿来说，这是用敏感的嘴和嘴唇来搞清楚手里拿着的究竟是什么东西。

因此，在婴儿身边，要注意不能放置能放进嘴里的细小、尖锐的东西以及舔了之后对身体有害的东西。在收拾整理的时候，把宝宝接触过的玩具稍微擦一擦，时常放到阳光底下晒一晒就可以了，没有必要对"清洁"太过于神经质。

夜里睡得非常踏实，白天睡2至3次，睡眠已经很有规律了

这个时期，有很多婴儿都能从晚上一直睡到清晨，睡眠渐渐地形成规律。上午睡1次，下午睡1至2次左右。

在睡眠和哺乳形成一定规律之后，也就容易制定外出的计划了。对于母亲来说，从这个时期开始可以轻松一点儿了。

但是，生活规律的形成也有个体差异。根据婴儿的体质不同而有所不同，分为比较有规律的类型和不太有规律的类型。到了1岁左右的时候，辅食一般要1天3次，白天的睡眠变为下午1次，生活节奏就会慢慢地安定下来了。

作为吃辅食的事先准备，让婴儿吸奶嘴是最适宜的了

婴儿马上就要吃辅食了，为了这个时期的到来，妈妈已经做了充分的准备。首先我们要把婴儿白天的哺乳间隔调整为每4个小时喂1次。哺乳时间有了一定规律以后，添加辅食就更加容易了。

为了让宝宝顺利地过渡到辅食，让婴儿吸吮奶嘴也是很重要的一项工作。当宝宝在吸吮奶嘴的时候，婴儿的嘴和嘴唇周边肌肉就会不停地运动。这时尽可能地让宝宝看到大人吃

饭的样子，让宝宝对吃饭这件事感兴趣。

另外这时期，婴儿的口水也特别多。口水多是宝宝已经做好了吃辅食准备的一个信号。由于口水渐渐地多起来，宝宝嘴周边的皮肤往往会有一些红肿。这时要认真地给宝宝擦干净，并且注意保湿以保护宝宝皮肤。

喜怒哀乐溢于宝宝的脸上，整个身体都能表达感情

婴儿的表情变得更加丰富多彩。看见父母会一下子笑容满面；父母消失的话又会显得忐忑不安；厌烦的时候则会哇哇大哭。总之，喜怒哀乐的情绪能非常清楚地表达出来。高兴的时候会手舞足蹈；生气发怒时会全身用力大声哭泣。婴儿能够用全身的动作来表达自己的情感了。

而且，即使独自一个人也能够做到高高兴兴不哭不闹，这种状况会渐渐地多起来的。这个时候，父母不要打扰宝宝，只需默默地注视着即可，要充分尊重宝宝"自己的时间"。

哭泣是婴儿的语言，在理解其含义的基础上，想办法使宝宝安心下来

宝宝以哭泣的方式表达自己的要求。在1至2个月的时候，哭泣代表的事情包括肚子饿了以及尿布湿了这种生理上的不快感。而在3至4个月的时候，哭泣往往是由于发脾气生气以及有恐惧感等原因，哭泣也成为精神上不快乐的感情表达方式了。如果婴儿在吃过奶或是换完尿布之后，还不停地哭闹的话，那就要把宝宝抱起来走一走，或者轻轻地反复抚摸宝宝的小手小脚丫以及后背。

而且，这时候的宝宝还会撒娇地哭。父母碰到这种情况就应该马上走到宝宝身边，通过跟宝宝打声招呼，摸摸宝宝的身体的方式来交流感情。爸爸妈妈能认真地参与跟婴儿的交流是非常重要的。

婴儿用哭泣的方式要求大人与之接触和交流，父母如果能够充分认识到这一点，宝宝就会产生安心感，慢慢地宝宝就会变得能控制自己的感情了。

4 个月宝宝的育儿问答

身体往后仰

 宝宝身体用力向后仰，真的有点担心，该怎么办呢？

宝宝挺着身体向后仰的力气非常大，就这个问题在宝宝 3 至 4 个月健康诊断的时候咨询过大夫。

大夫说，"抱宝宝的时候要让宝宝曲着身体。"于是我有意识地尽量按大夫所说的去做。但是宝宝还是和原来一样向后仰，仅仅用大夫说的方法能纠正过来吗？

 这是婴儿在这个时期发育的特征，不必担心。

这个时期的婴儿运动神经发育得较快，已经会做各式各样的动作了。比如，身体整体的活动包括抬头以及身体向后仰等；较小的活动有两只小手握在一起，或是紧紧攥着小拳头以及用眼睛追逐着运动的物体。还有逗逗婴儿的话就会咯咯地笑，嘴里还会咿咿呀呀地"说话"。这是心灵正在发育中的征兆。

您所担心的身体后仰也是这个时期身体发育的特征之一，所以不必担忧。有时还能看出后仰的时候，宝宝自身也挺难受的，这是因为宝宝还无法完全控制住自己，不能圆滑地完成自己想做的动作。大夫建议您"把宝宝的身体曲起来抱"，我想是为了不让婴儿过度地身体后仰。如果还是对这件事情放心不下的话，可以找专家咨询一下。

发烧

 如何做好宝宝第一次发烧的精神准备呢？

我听过这样的说法：婴儿过了 3 个月以后，免疫力就会下降。为了应对发烧等万一生病的情况，请告诉我应做好哪些精神准备？

不要慌乱，给宝宝降温并补充水分。

婴儿从母亲那里获得的免疫力，在出生 4 至 6 个月的时候，就会消失殆尽。从那时起，宝宝就进入了自己制造及获得自身免疫力的阶段了。可以这么说，正因为是免疫力交替的时期，也自然会出现生病发烧之类的现象。

宝宝头一次发烧，作为父母大都会不知如何是好。其实，这个时期婴儿自身的免疫力也在成长过程中，发烧只不过是其成长过程中的一环，所以关键是不要慌乱。

"宝宝发烧是迟早要发生的事情"，要以这种心态来应对。一旦出现发烧的情况，首先要降温。冷却腋下、大腿根部这些比较粗的血管通过的场所容易见效果。别忘了给宝宝补充水分。

父母往往只去注意体温的高低，其实更应该注意全身的状况。

即使体温不那么高，若宝宝无精打采浑身无力，也要立刻去儿科就诊。

 小鸡鸡

 宝宝小鸡鸡前头有发黄的、好像化脓的东西，怎么回事？

出生 2 个月以后，宝宝小鸡鸡的头部出现了黄色的好像化了脓似的东西，现在都没有脱落。

但也没有向严重的方向发展，生活上和其他宝宝没有两样，没有异常。是否再继续观察一段时间呢？

 可能是脂肪凝固之后，看起来像黄色的东西吧。

因为没有看到实际情况，我不能简单地下结论。您看到的如果真的是化脓的话，宝宝也应该还有其他的症状才对。比如宝宝小鸡鸡的头部是否有红肿、尿尿的时候疼得哭没哭、尿布上是否沾有化脓的东西以及发烧与否等。如果出现了上述症状，就可以考虑是由于小鸡鸡积了脏东西引起细菌感染而得的"龟头包皮炎"。但是在这个月龄，难以想象宝宝的小鸡鸡会积攒什么脏东西。

您说您的宝宝生活没有异常现象，就有可能是从皮肤中渗出的脂肪变硬以后，颜色泛黄的原因。这不是什么病症。但是如果颜色发生了变化等情况时，就另当别论了，还是到儿科接受检查为好。

预防感冒

 如何不让周围人的感冒传染给宝宝呢？

大孩子得了轻微感冒，我担心会传染给宝宝转为重感冒。家里其他人都经常漱口和洗手。还有其他预防感冒的好方法吗？

 没有什么可靠的预防方法，关键是被传染之后的应对。

到了出生 4 个月以后，从母亲那里得到的免疫力渐渐减少，很多婴儿在这段时间会经历人生的第一次发烧。如有哥哥姐姐的话，也容易被传染的。

作为最基本的预防对策，家里人经常漱口、洗手是行之有效的办法，但并不会因此就绝对不得感冒了。

关键是在感觉到宝宝已经得了感冒的时候，应该怎样做的问题。如果宝宝流鼻涕、咳嗽的话，就要马上去儿科看病。另外，如果还发烧的话，要想办法降低宝宝的体温，充分补充水分。夏天要把室温调整到适当的温度，干燥的季节则可以借助加湿器，给宝宝营造一个舒适的环境。

乘车出门

 带宝宝外出时，交通工具的晃动对婴儿有什么影响吗？

回娘家时，我们一般是乘公共汽车或者是开车，在这个月龄的孩子，频繁地乘坐这些交通工具对孩子的大脑和身体发育有影响吗？

 扶好宝宝的脖子，最小限度地降低晃动。

乘公共汽车时，您是怎样抱着宝宝的呢？您是否使用婴儿车了呢？

您很担心，乘公共汽车或者开车时的晃动对宝宝的影响，只要不是开车很粗野或者不是在颠簸不平的路上行走的话，我认为对婴儿的大脑和身体是没有什么影响的。

但是，由于宝宝脖子的支撑能力还不是非常完善，在乘公交时，最好是抱着宝宝，这样即使产生晃动也不会对宝宝产生太大的影响。

我建议采用能支撑脖子的婴儿背带，把宝宝抱在胸前，宝宝紧贴在母亲的胸前是最安心的。有了支撑脖子的装置，可以使宝宝处于一种比较安定的状态。而且用婴儿背带竖着抱着婴儿的话，可以把妈妈的双手解放出来，当车子剧烈晃动时能够很好地应对。

趴着睡觉

 宝宝喜欢趴着睡觉，是否应该把宝宝翻过来呢？

宝宝现在睡觉时已经会翻身了，但是特别喜欢趴着睡觉。特别是夜里，我总担心宝宝是否还在呼吸。这时是否应该立即将他翻过来，让宝宝仰着睡呢？

 发现宝宝趴着睡觉时，应该把宝宝翻过来，或者侧身睡。

虽然说宝宝已经会翻身了，但是和脖子能用上劲，使得身体来回翻滚还不是一回事儿。这个时期由于身体很软，睡姿就往往容易变成趴着了。实际上，趴着睡觉的时候，呼吸起来比较容易，因为婴儿的呼吸是腹式呼吸，是依靠横隔膜的运动来进行呼吸的，而横隔膜在趴着的时候容易运动，所以婴儿经常趴着睡觉就是这个缘故。

但是，在现实当中，发生过许多婴儿由于趴着睡觉而造成死亡的事件。在睡觉时可能会发生异常，比如婴儿的脸色发生异变。由于宝宝是趴着睡觉，妈妈也很难察觉到。所以看到宝宝在趴着睡觉时，一定马上翻过来让宝宝仰着睡觉或侧着睡觉。

虽说如此，父母又不可能24小时都盯着宝宝，所以可以给宝宝盖硬一点儿的被子，另外宝宝脸的周围也不要放置毛巾之类的东西，在这些细节方面加以小心和注意。

补充水分

 宝宝不喜欢喝大麦茶和果汁，水分够吗？

在出生1个月后，就试着喂宝宝大麦茶，2个月后开始试着喂果汁。但是即便到了出生后4个月，宝宝也不喜欢喝这些饮料，会用舌头顶出来。虽然奶粉喝得不错，还是一直担心水分够不够？

 水分的补充依靠母乳就足够了，不能强迫宝宝喝。

这个时期的婴儿，如果能充分吃母乳或奶粉的话，不会发生水分不足的现象。即便给宝宝喝大麦茶、果汁等饮料，一般来说最多喝1至2口。所以说，不会发生由于不喝这些饮料导致婴儿缺水的情况。

宝宝用舌头顶出来，也许是对饮料的味道有抵触感吧。所以在喂大麦茶的时候，可以换成婴儿专用的大麦茶试试看，或者稀释一下也许就会喝了。果汁也同样可以稀释或换成其他种类的果汁。如果还是不喝的话，就过一段时间再说吧。

最近，大多数人都认为出生5至6个月之前，没有必要喂母乳及奶粉以外的东西。不要因为觉得应该到了喝大麦茶或果汁的时期了，就强迫宝宝喝。父母只需相信宝宝总有一天会喝的即可。

布制尿布

 如何防止大便从尿布旁边漏出来呢？

我家的宝宝用的是布做的尿布。是2块布反复折叠3次以后再加1块尿布衬垫。但是，大便还是从旁边漏出来。有什么好办法吗？

 把尿布正中间，做成凹陷状。

用布做的尿布，吸收水分的速度比较慢，如果是大便比较软的话，就容易从旁边漏出去。使用这种尿布的时候，首先纵向折叠2次，之后两端再向中央折回，使中间部位形成凹陷状。用这种方法试试看吧，由于尿布中间有凹陷的地方，就不容易从旁边漏出来了。

如果这样做还是漏出来的话，那么在宝宝拉软便的时候，用纸尿裤吧。

生活规律

 宝宝白天有时候能睡5个小时以上，是不是睡得太多了？

昼夜颠倒的生活规律正在慢慢地改善，但是白天有时候还是能睡5个小时以上。是不是睡得太多了呀？

 重要的是让婴儿感受到白天生活的气息。

生活规律是由睡眠的方式、哺乳的时间以及睡眠的时间相互影响、相互关联而形成的。母亲们大都以为晚上让宝宝早点儿睡觉，能够比较容易地把生活规律调整好。其实并不是这样，关键是要把握好早上的时间。

在清晨，要在固定的时间打开窗帘，让新鲜的空气能进入房间。要让做早饭等各种生活的声响不断地传入宝宝的耳中，让宝宝能感受到"新的一天开始了"这种气氛。

而且，上午可以带宝宝出去散散步，到外面换换空气，尽量地在活动中度过上午的时光。如果宝宝的床是安置在比较寂静的屋子里，白天则可以移到能直接与母亲交流的房间里。妈妈可以一边做家务事，一边和宝宝说说话，要时刻把这样的母子交流放在心上。

即使大部分时间宝宝都在睡觉，也要让宝宝感觉到生活的气息。在这个过程中，慢慢地就会形成正常的生活规律，白天睡觉的时间与夜间入眠的时间也就会相应调整好的。

生活规律

 在宝宝熟睡的时候，能给他洗澡吗？

从傍晚一开始，宝宝就会进入梦乡。在宝宝睡觉之前哼哼唧唧的时候，或是熟睡的时候，可不可以给他洗澡呢？

 还是在宝宝醒着的时候洗澡为好。

对于婴儿来说，洗澡有两个最重要的目的。一个是让身体清洁；另一个是与爸爸妈妈的感情交流。这与大人洗澡的含义不同，大人洗澡是为了消除一天的疲劳感，之后能够在精神上得到放松，从而轻松地入睡。

所以，关于什么时候给婴儿洗澡的问题，我认为最好这样考虑。即从早上起床开始，到晚上睡觉之前的某个时间带，用来给宝宝洗澡。如果哺乳之后洗不了的话，中午空闲一点的时间或者准备做晚饭之前的那点时间也可以。总之，在母亲时间上比较方便的时候就可以洗澡。这样的话，就不必在宝宝睡觉之前哼哼唧唧的时候，或是熟睡的时候洗了。

如果把早上起床的时间固定下来（6点或7点）的话，就会慢慢形成一定的生活规律（吃饭的时间、白天睡觉的时间和洗澡的时间）。

婴儿入睡

 宝宝躺下之后，常常哭闹不睡，怎么办呢？

一般晚上9点左右让宝宝躺下睡

觉，但每隔 30 分钟到 1 个小时就会哭闹，最终总是折腾到夜里将近 12 点。宝宝的房间离大厅有一段距离，等我从大厅赶到房间的时候，已经是号啕大哭了。是不是让宝宝睡在大厅呢？

 感觉宝宝快要醒的时候，让宝宝平静下来。

婴儿理想的睡眠环境，一是周围要安静，二是光线要暗淡。大厅里既有电视的声音又有灯光的照明，最好不要让宝宝在那里睡觉。

睡眠会随着婴儿的成长发育而慢慢地形成规律的，但目前还处于不断调整的阶段，所以有时睡不好也是可以理解的。特别是睡眠还处于很浅的阶段，即入睡 30 至 40 分钟的时候，经常有的婴儿会感到烦躁不安而突然哭起来。

这种情况下，就要在宝宝哭之前采取对策了。比如觉得宝宝快要醒了的时候，走到宝宝的床边，轻轻地拍一拍宝宝的后背或者握着宝宝的小手，使宝宝的心情能够平静下来。这样做的话，许多宝宝都会再次进入梦乡的。

另外，如果不是哭得很厉害的话，也可以不加理睬，先观察一下情况再说。

宝宝入睡

 怎样做宝宝才愿意和爸爸一起睡呢？

最近这段时间，我如果不和宝宝一起躺在床上给他喂奶的话，宝宝就不肯入睡。这样做我感到太辛苦了，有没有让宝宝也能和爸爸一起入睡的好办法呢？

 让宝宝和爸爸一起寻找入睡的好办法吧。

婴儿入睡的流程我想应该是这样的：晚上喂完最后一顿奶，再稍微抱抱让宝宝饭后休息一会儿之后，把室内的光线调暗一些，营造一个容易入睡的环境，最后把宝宝放在床上。如果这时宝宝又哭着要找妈妈吃奶的话，让他捏着纱布之类软乎乎的东西试试看。只要找到能让情绪平静下来的代替物，宝宝就会顺利地入睡。

而且，不要下这样的结论，即妈妈不给宝宝哺乳就不能入睡。哄宝宝入睡的事情就"全权"委托给爸爸试试看也是一个不错的办法，就让宝宝躺在爸爸的肚子上睡觉好了。在与爸爸的接触过程中，不少婴儿都能找到不用妈妈喂奶也能入眠的好方法。

哺乳规律

 深夜里是不是可以不喂奶了呢？

晚上 7 点喂一次奶粉之后，夜里睡得非常好。现在是每隔 6 小时就把宝宝叫醒喂奶粉，宝宝出生已经 4 个月了，夜里是否可以不喂了呢？白天每隔 3 至 4 个小时就喂他一次，体重也在顺利地增长。

 以宝宝的睡眠为优先事项。

和过去不分昼夜地给宝宝喂奶的时期相比，宝宝夜里已能够较长时间地睡觉了。这时母亲也可以稍稍松口气了，夜里能够保证完整的睡眠，说明宝宝已经能够分清白天与夜晚的区别了。天暗了就睡觉，天一亮就睁开眼睛醒过来，这样的睡眠节奏正在慢慢地形成。

到了这个阶段以后，就不必拘泥于"每隔几个小时必须喂几次奶粉"了。宝宝好不容易进入甜美的梦乡，就让宝宝继续睡下去吧。

哺乳原本就是婴儿要喝的时候或者是哭泣的时候才喂，这个基本原则被称为："按需哺乳。"当然也有人认为应该把宝宝叫醒喂奶，我认为没有必要非要这么做。因为宝宝的肚子饿了的话，就会醒来向妈妈要奶喝的，那时候再饱饱地喂宝宝一顿不是更好吗？

这个时期形成的睡眠规律将会影响到宝宝今后的生活规律，这是非常重要的事情。不管怎么说，您的宝宝白天奶粉喂得很好，体重也正顺利地增加。所以，我认为不必太介意喂奶的时间，而要把养成睡眠规律放在更优先位置去考虑。

体型大小

 体型大的婴儿将来是不是容易发胖呢？

我家的宝宝出生时已经超过了 4 公斤，在 3、4 个月的健康诊断时已经达到了 7.3 公斤，身高已经是 63 厘米了。当时大夫说我家宝宝的体型非常匀称，但是我还是担心宝宝这个体型将来是不是容易发胖呢？是否应该控制一下宝宝奶粉的量呢？

 您的宝宝处于"虚胖"状态，随着月龄的增加会改变的。

与吃母乳相比，吃奶粉的量多，体重也就会增加得更快，但是体型比较匀称的话就没有问题了。

在吃奶的时期，体型显得稍稍大一些的宝宝，实际上是处在所谓的"虚胖"状态，随着身体不断地成长发育，身体的活动量会明显地增加，肌肉渐渐地结实起来以后，"虚胖"就会消失的。

体重的增加

 宝宝体重增加不明显，是否需要再喂一些奶粉呢？

宝宝吃母乳很好，但是体重增加比较缓慢。我听说吃奶粉会使体重增加，我是否要改为母乳和奶粉混合喂养呢？另外，让宝宝习惯于用奶瓶喝奶有什么好方法吗？

 其实是宝宝到了体重增加缓慢的时期了。

出生1个月左右的时候，是宝宝成长较快的时期。可以明显地感觉到，随着奶量的增加，宝宝的身体在不断地长大，体重天天不同。但是这种增长方式会随着月龄的增加渐渐地减缓。这时很多母亲就会担心起来，和您的疑问完全一样，即体重没有太大的变化。

这个时期宝宝的体重虽然变化不大，其实是没有什么关系的。和以前体重急速地增长不同，现在的增长是比较平稳的。无论哪个宝宝都是一样的，只要吃奶好，体重在一点点地增加，就没有担心的必要。因为无论是体重还是身高，都进入了稳定的增长时期。

宝宝因为一直习惯于吃母乳，不喜欢用奶瓶也是可以想象的。到了吃辅食的时候，就会吃到各式各样的食品，对奶瓶自然而然地就会习惯的。在这之前，就随着宝宝的性子来吧，不必硬逼着宝宝用奶瓶。

哺乳

 如何让宝宝适应奶瓶的奶嘴呢？

我家的宝宝既讨厌奶嘴，也不喜欢吃奶粉，只肯吃母乳，所以我一刻都不能从宝宝身边离开。果汁以及白开水都是用小勺往嘴里喂，有没有让婴儿适应奶嘴的方法呢？

 在宝宝什么东西都开始舔的时候，就会对奶嘴感兴趣的。

对于这个时期的宝宝来说，没有任何味道和感觉能比得上妈妈的母乳了。所以，讨厌奶嘴以及不不用小勺，这都是很自然的，不奇怪的事情。没有必要非要婴儿去适应奶嘴。

到了出生后 4 至 5 个月的时候，婴儿会把任何拿到手里的东西都用嘴或舔或吸吮。这是宝宝为了感触各式各样的东西，而用敏感的嘴唇去接触的一种行为。那时，对母乳的执著就会相应地减少，从而开始接受其他的东西了。

您所说的宝宝只肯吃母乳的事情，也不会一直持续的，一边跟宝宝接触一边再观察一段时间吧。

保护婴儿牙齿

 每次哺乳之后，是否要给宝宝刷牙呢？

宝宝长出牙齿以后，是否应该在每次哺乳之后给宝宝刷牙呢？目前夜里的哺乳还不能中断，那么夜里也要刷吗？

 等上下各长出 4 颗牙齿之后，再仔细地刷牙也不迟。

我认为预防虫牙，要等宝宝的牙长齐到一定程度之后再开始。因为虫牙是食物的残渣渍在了牙与牙之间或槽牙与齿龈之间的缝隙中产生的。所以，

可以等到宝宝牙齿长到一定的程度，再经常性地给宝宝刷牙。

由于夜里要经常哺乳，如果每回都要刷牙的话，对于母亲和婴儿来说都是一个极大的负担。所以，我认为以 1 岁前后上下各长出 4 颗牙齿为开始刷牙的时间标准比较妥当。

也有人说，在乳牙的早期阶段不预防的话，将来对恒牙也会有影响。但乳牙是在出生后 6 至 7 个月开始长出来的，这个时期会分泌大量的唾液湿润口腔，可以说此时很难形成虫牙。在开始吃辅食之后，则必须认真地保护好宝宝的牙齿。

与宝宝交往

 宝宝白天不爱睡觉，我该怎样和宝宝一起玩儿呢？

我家宝宝白天基本不睡觉，我又不知道怎么和他一起玩儿，挺为难的。

 以婴儿自己的方式为基准，守在身边静静地注视着。

婴儿现在正处于身心都同时发育成长的阶段，这个时期婴儿过着不紧不慢的生活。虽说能够区别白昼和黑夜，白天醒着的时间也变长了，但不

能因此就说宝宝正醒着呢，正好应该跟他玩耍。过长时间打扰婴儿，会刺激并引起婴儿兴奋。这种兴奋若平抑不下来的话，有时反而会导致宝宝哭闹起来。

这个时期与宝宝的接触，基本上就是在哺乳之后，把宝宝抱起来母子亲热一会儿，之后就要以宝宝自己的活动方式为基准了。也就是说，不是母亲主动地促使宝宝活动，而是在宝宝想活动的时候，母亲在旁边帮一把即可。

在宝宝玩玩具的时候，守在边上别做声静静地注视着也很重要。宝宝完全知道如何在自己的小世界里享受快乐。

与小朋友交往

 宝宝是家中最小的，我担心将来能否与同龄孩子交往？

两个大孩子特别疼爱小宝宝，简直是享受王子般的待遇。附近没有同样年龄的孩子，我担心小宝宝将来能与同龄的孩子们相处好吗？

 兄弟姐妹之间的关系，是一种很平衡的关系。

除了父母之爱以外，还有两个可以依赖的哥哥姐姐的爱。这对于小宝宝来说，是一个求之不得的好环境。

让哥哥姐姐帮助照料小宝宝，他们可以做很多事情的。比如在换尿布的时候，帮忙把尿布拿过来；给小宝宝洗澡的时候，帮忙准备毛巾等。不仅仅是玩耍，和母亲一起参与照顾宝宝，对他们来说，也会有好的影响。

您担心小宝宝享受王子般的待遇会影响孩子的成长，其实兄弟姐妹之间的交往与母子之间的交往是不一样的。哥哥姐姐即使疼爱小宝宝，在某种情况下也会坚决地说"不行的事情就是不行"。但转眼间又会大方地做出让步，不会采取过激的态度。另外，今后在外面玩耍的机会越来越多，自然地就会交到同样年龄层的小朋友并会相处得很好，不必担心。

5 个 月

开始会翻身了

宝宝开始吃辅食了，应该让宝宝尽情地享受吃东西所带来的快乐。

大，每天都能给爸爸妈妈带来喜悦。

有的婴儿开始会翻身了

运动机能越来越发达的宝宝，在扭转身体或两条小腿交叉的时候，有时会一下子翻过身来，之后渐渐地就会掌握翻身的技巧，仰面睡觉或是翻身，都可以采取自己喜欢的姿势了。

在这之后，就要对宝宝睡觉场所的安全问题加以注意了。婴儿床一定要安装好护栏，千万别把宝宝放在沙发之类容易滚下来的地方睡觉。

体重的增加渐渐变得平稳起来

从出生到 4 个月为止，无论是身高还是体重都增长得特别快。但是到了这个阶段，就开始缓慢增长了。婴儿四肢的运动越来越活跃了，有的宝宝这时候都可以做翻身动作了。其实运动量的增加是体重增长变得缓慢的原因之一。

从这个阶段开始，宝宝将按照自己独特的方式成长。父母不必和别人家的宝宝相比较，即使自己的宝宝长得稍稍慢一些也不要紧。宝宝渐渐长

宝宝可以做好吃辅食的准备了，具体时间由宝宝的状态来定

到出生后 6 个月为止，原则上基本依靠母乳或奶粉来喂养婴儿。从其他食品里摄取营养一般要到 6 个月以后。但是婴儿的发育因人而异，6 个月这个时间只能作为一个参考时间。

关于什么时候开始吃辅食，最重要的是要看宝宝对"吃东西"是否表现出兴趣。比如说，大人在吃饭的时候，宝宝在旁边一直盯着看，嘴在不停地动，还会出现流口水的现象。这些现象就是给出了可以吃辅食的信号了。

为了让婴儿进行吞咽练习，感触舌头的味觉以及适应食品的味道，一开始只让宝宝 1 天吃 1 次，每次只吃 1 小勺，而且每次只准备 1 种辅食即可。首先给宝宝吃米粥这样的淀粉类食品，渐渐地可以喂豆腐、白色肉质的鱼肉等滑溜软乎乎的食品。增加品种以后，也只是喂 1 小勺和 1 个品种。另外，在喂完辅食之后，依然还要给宝宝喂足奶水。

5 个月宝宝的育儿问答

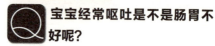
呕吐

Q 宝宝经常呕吐是不是肠胃不好呢？

把宝宝背在身后晃一晃或者宝宝自己翻个身，他都会打嗝或吐出东西来。而且吃辅食 1 周后得了肠胃炎，出现发烧、拉肚子等症状。我担心宝宝是不是肠胃不好呢？

A 宝宝是否患病，要根据婴儿呕吐时的状态以及精神的好坏来判断。

在连接食道与胃部的地方，有块肌肉叫做括约肌。宝宝的括约肌状态不好的时候，会发生吃进去的奶水逆

流的现象。还有吃得过多喝得过多的时候，也可能造成呕吐。另外，肠胃炎的主要症状也是呕吐。所以，宝宝是否患病了，要根据呕吐时的状态、精神的好坏以及有无食欲等综合判断。

首先，在宝宝吃了辅食、喝完奶之后，不要刺激宝宝的肚子，然后注意观察宝宝在什么样的状态下容易呕吐。如果在辅食吃得比平常要多，奶水也喝得较多的时候，有呕吐倾向的话，就要注意减少宝宝的饭量了，不要让他吃得过多。

而且，呕吐时注意观察宝宝的精神状态以及宝宝的食欲等情况，同时可以去医院向大夫咨询。

鼻子堵塞

 怎样做才能把宝宝的鼻涕擦干净呢？

宝宝感冒以后，鼻子就堵了。宝宝自己不会擤鼻涕，我用棉棒也掏不出来。有没有擦鼻涕的好方法呢？

 能帮宝宝吸出来是最理想的。

帮宝宝把鼻涕吸出来是解除宝宝因鼻子堵塞而难受的最有效办法。虽然也有吸鼻涕的工具，但一般来说操作时会遭到宝宝的"抗拒"。棉棒容易伤到鼻黏膜，弄不好还会流鼻血的。从安全角度以及宝宝的"抗拒"程度来讲，父母用嘴直接吸出来是最理想的办法。

流鼻涕

 宝宝的清鼻涕是感冒造成的吗？

宝宝开始流清鼻涕了，但是没有发烧，也没有咳嗽。是不是感冒了呢？如果这样持续下去的话，是否应该找大夫看看呢？

 现在是宝宝易流鼻涕的时期，宝宝感到难受时，帮吸出来。

这个时期的婴儿本来鼻子就容易出毛病。寒冷的天气或是受一点儿刺激马上就会流鼻涕。但只要没有同时伴随着感冒发烧以及咳嗽，也没有咳痰的话，就不必担心是感冒了。

如果宝宝鼻子嚷嚷地很难受的样子，就想办法帮宝宝吸出来吧。但婴儿是讨厌吸鼻涕的器具的，如果可能的话，父母直接用嘴吸出来更好。

宝宝手脚出汗是因为热的缘故吗？

什么时候宝宝自己能调节好自己的体温呢？有时宝宝的手心脚心也会出汗，触摸一下感到冰凉。出汗是不是由于天热造成的呢？

 宝宝的体温调节机能较差，寒冷的夜里，要根据具体情况给宝宝戴手套穿袜子。

当宝宝的"皮下脂肪"达到一定程度的时候，才能够正常调节体温。现在这个月龄，皮下脂肪还很少，体温容易被外界的温度和湿度所左右。气温比较高的时候，体温容易变高；气温低的时候，又不容易保暖。这种状况要一直持续到1岁左右，婴儿才会有正常的皮下脂肪。所以，要注意寒冷的季节别给宝宝穿得太少，暖和的季节别穿得太多。

而且，手指脚趾等末端的血液循环还不完善，所以，触摸到宝宝的手脚时，多半会感到冰凉的。

在寒冷的季节，为了保暖可以在夜里睡觉时，给宝宝戴上连指手套，脚上穿上袜子。当然，宝宝嫌热时，就要脱下来。这时手脚都暴露在外面，可以调节宝宝已经变暖和的身体。所以，要经常给宝宝穿上或是脱下手套和袜子。

 宝宝大便时，有时便中带血。

出生后3个月左右开始，一般1个月1至2次大便且带血。另外，开始吃辅食之后，时常拉出果冻似的大便。因为宝宝在精神上看不出什么问题来，就没有去医院看病，但心里有点儿不安。

 是宝宝拉大便时憋气用力造成的出血，不必担心。

在您的问题中，虽然不知道血液是以什么样的状态混在大便中，但如果是少量的话，我估计要么是在大便上点点滴滴地像红点似的，要么就是血液像红线似地粘在上面。

一般认为这是在排大便时，憋气用劲造成直肠黏膜开裂而流出的血。在刚开始吃辅食的时候，有时大便比较硬，造成排大便时出血。这是这个时期婴儿比较常见的现象，不需要特别担心。大便呈果冻状被排出体外，是因为从开始吃辅食以后，肠蠕动变得活跃起来造成的。以后，随着辅食习以为常，渐渐地就会变成正常的大便了。

如果是胃肠等消化器官出血的话，大便整体都是全黑的或者是赤红的。这与直肠黏膜有点儿裂口流出的血是明显不一样的。若发生上述类似的情况，必须立刻带着宝宝连同大便一起去医院检查。

眼睛充血

 宝宝洗澡之后，眼睛总是会充血，什么原因？

宝宝洗澡之后，眼睛总是红红的，连眼眶周围都是红红的。不是视力有问题吧？洗澡时我尽可能地避免香皂水进宝宝眼睛，但还是如此。

 洗澡时血液流动加快，因此眼睛看起来像是充血似的。

洗澡时身体变暖和之后，皮肤表面的血液流动会加快。此时，若有湿疹的话，湿疹也会变红了，若有红斑的话就会更红了。这个时期的婴儿皮肤还很薄，特别是眼睛附近容易发红，

这并不是什么稀奇的事情。

另外，即使是大人，眼睛里要是进水或沾上香皂水的话，也会充血发红的。大人懂得这些道理，因此洗澡时会有意识地避免水等异物进入眼睛。但是，婴儿还做不到这一点。母亲在给宝宝洗澡时多加注意就行了。不必担心视力有什么问题。随着宝宝的成长发育，类似的忧虑都会消失的，请放心吧。

个子大小

 宝宝是不是太胖了一点儿呢？

我家宝宝出生5个月就超过8公斤了，有点儿太胖了吧。

 要考虑婴儿身高体重的均衡。

婴儿的成长，更多地要看身高体重的均衡程度。您的宝宝在母子手册里面画的发育曲线显示的是什么样的状态呢？以及Kaup指数又是多少呢？

发育曲线可以显示宝宝体重身高是否发育均衡以及不断增长的程度。即使宝宝的数据不在曲线上下浮动的范围之内，只要身高体重都处于上升

阶段的话，那么宝宝的发育就是正常的，只是个子大小不同而已。

Kaup 指数＝体重（kg）÷［身高（cm）］$^2 \times 10^4$。这个数字如果超过了 20 的话，则被认为是肥胖，但是对于此类数字不可一概而论。这个时期，婴儿几乎所有的营养都是从母乳或奶粉中摄取的，体重的 80% 以上都是水分，所以胖也是虚胖。

今后随着辅食的增加，营养摄取渠道也就多样化了。婴儿的体型就会发生变化，现在的宝宝还处于可爱的胖嘟嘟的状态呢。

只要身高体重在一点点地增加，就根本不必担心。您的宝宝既能翻身，又能趴着把身体向后翘起来，说不定体重是受到了活动量大的影响呢。出生5 个月后，体重增长的速度也会渐渐地慢下来。

从现在起是开始吃辅食的时候了。与其担心母乳的量够不够，不如好好考虑如何做才能让宝宝多吃辅食。基准就是宝宝愿意吃多少就喂多少，因为宝宝肚子吃饱后，自然就不会吃了。

个子大小

 宝宝看起来又小又瘦，体重也增加得不多，怎么办呢？

宝宝的发育状况（翻身、做向后弯曲身体等动作）与育儿书上写得完全一致。但是大家都说我家宝宝看起来又小又瘦，最近体重也没增加多少，怎么办呢？

 让宝宝开始吃辅食，基本原则是想吃多少就喂多少。

婴儿的发育成长不仅仅要看体重，更重要的是要看整体的均衡发育。

入睡前的仪式

 宝宝睡前总是用小拳头敲打自己的脑袋，这样做可以吗？

宝宝在入睡之前，总是把手握成小拳头，咚咚地敲打自己的脑袋，但没有把脑袋敲红。

好像敲打之后反而会平静下来，渐渐进入梦乡，另一只手则放在嘴里吮吸着手指。

 看起来挺粗暴的，但对婴儿来说只不过是入睡前的仪式。

这个时期，正是婴儿从反射性反应向有意识地做一些动作的过渡时期。宝宝的小手过去只会在身体两侧上下晃动，现在已经可以伸向身体四周了。那么，宝宝的小手会碰到各式各样的"奇怪的东西"。

"这有一个又大又硬的东西（头），表面还蓬松地长着什么东西（头发），摸着还挺舒服的呢"，也许这就是造成敲打自己脑袋的原因吧。因为婴儿还不知道如何使劲，在大人眼里被看做咚咚地敲打了，对于婴儿来说或许只是想触摸一下而已。

有的婴儿犯困的时候，会摸着自己的耳垂入睡。在入睡之前敲打脑袋，或许是同一个道理吧。看起来虽然显得有些粗暴，但对婴儿来说，和吸吮手指一样，都是入睡前的一个仪式。

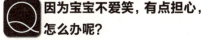

不爱笑

Q 因为宝宝不爱笑，有点担心，怎么办呢？

我家宝宝相对而言属于那种不太爱笑的孩子。无论是和别的宝宝相比，还是用玩具逗着玩，宝宝都不太笑，所以有点担心。哪怕是稍微笑一笑也行，如何能让宝宝笑起来呢？

 父母用丰富的表情以及和蔼的笑颜，愉快地去应对。

婴儿的类型各式各样，既有爱哭爱笑热闹型的，也有老老实实、不言不语的稳重型。但无论哪种类型，都有这么一种倾向，即与宝宝接触得越多，宝宝的笑声也就越多。

要靠父母丰富的表情和和蔼的笑颜解决。可以和宝宝玩玩游戏，例如捉捉迷藏、扮扮鬼脸等，看看能不能把宝宝逗笑。

另外，在宝宝咿咿呀呀地"说话"的时候，跟宝宝搭搭话也很有效。比如宝宝在说"啊"的时候，您可以说："宝宝在说'啊'吗？"宝宝在说"哦，哦"的时候，您也可以说："说得真好，宝宝是在说天鹅，是吧"等等。在这样的母子对话中，宝宝会感到一种非常温馨的气氛，一定会开心一笑的。

在宝宝的周围，大人的生活中一定要笑声不断，充满笑声的环境肯定会感染宝宝的。

认生

 宝宝开始认生了，连爸爸抱都哭，怎么办呢？

过去爸爸抱宝宝，从来不哭。可是最近却大哭大闹。除了让妈妈抱，谁抱都不行。怎样才能克服宝宝认生呢？

 宝宝的事情全都交给爸爸做，使宝宝对爸爸产生信赖感。

之所以会"除了让妈妈抱谁都不行"，这是因为妈妈总是在身边照顾宝宝，宝宝对妈妈产生了依依不舍的感情，能搞清楚妈妈和别人的区别了，这说明宝宝又长大了。

爸爸一抱就哭绝不是害怕爸爸或讨厌爸爸，宝宝的想法是："妈妈更好，干吗让爸爸抱呢？"所以认生是不必担心的事情。

在应对这种事情的时候，不能因为爸爸不行就让妈妈去做。而要做到即使宝宝哭闹，也都要交给爸爸去处理。即宝宝万一哭了，让爸爸去哄，直到不哭为止，妈妈不能插手。在这个过程中，宝宝就会渐渐地信任爸爸，对爸爸的感情不会少于对妈妈的感情的。

 认生

 用什么样的方法来应对宝宝的认生呢？

宝宝看到没有见过的人时，总会大声哭泣，这就是所谓的认生吧。有什么好的应对办法吗？

 事先把宝宝认生的情况告知对方，让对方有精神准备从而采取相应的态度。

认生是任何人在成长发育的过程中都会经历的事情，是成长过程的证明。如果宝宝非常认生的话，那么在见陌生人之前，事先把宝宝认生的情况告知对方。"不要立刻与宝宝搭话"，"不要突然靠近宝宝"等。否则即使别人想逗逗孩子，宝宝也会大声哭泣的。所以听到忠告以后，对方也会相应地采取措施加以注意的。

对于宝宝来说，妈妈是最好的"安全基地"，母亲在与别人接触时，可以把宝宝抱紧一些，而且要和颜悦色地与对方交谈。看到这样，宝宝也会感到："这个人没有问题。"慢慢地就会放下心来，不会感到紧张了。万一哭了，也不要紧，妈妈稳稳地抱住宝宝，让他待在"安全基地"就行了。

078

左撇子

 宝宝总是用左手，会不会变成左撇子呢？

宝宝在吸吮手指，拿东西的时候是用左手。出生后刚5个月，宝宝会成为左撇子吗？

 1岁之后才能看出是不是左撇子。

一般认为左撇子是由遗传因素决定的，在出生的时候就已经决定了是否是左撇子。但是，过了1岁之后才能明确地下这个判断。目前才5个月，下判断为时尚早。

即使是左撇子也没有什么大不了的。如果您想让宝宝的右手也能运用自如的话，可以有意识地让宝宝多用右手拿玩具之类的物品。

看电视

 可以让宝宝看电视吗？每次看多长时间呢？

由于家里的大孩子想看电视，屋里总开着电视。婴儿从多大开始可以看电视，每次看多长时间有标准吗？

 婴儿从电视中无法获益，与宝宝实际接触更为重要。

关于婴儿看电视的问题，有人建议2岁之前不看为好。这是因为让婴儿尽可能多地接触父母以及爷爷奶奶这些周围的人，对于宝宝的头脑，身心的发育都很有益处。

尤其目前这个阶段，还谈不上"让不让看"，即使把电视打开，宝宝哪有本事去理解那一闪一闪的画面呢？

所以，要避免一直开着电视不关，也不要抱着宝宝在电视前来回走动。即使家里的大孩子在看电视，母亲也应该尽可能地陪着宝宝，希望父母们能做到这一点。

脾气和性格

 宝宝特喜欢外出，将来会不会变成安静不下来的孩子？

最近，比起待在家里宝宝更喜欢到外面去玩。不带他出去就会哭闹，不肯安静一会儿。我真担心宝宝将来变成静不下心来的孩子。

 婴儿是有想活动的欲望的，所以不必担心。

宝宝想到处走走活动一下身体，这是这个时期婴儿的特征。手脚越来越能活动，拿到玩具就用嘴去舔一舔，有时仰卧，有时又趴着。总而言之，婴儿这时活动身子的欲望特别强烈。所以，这并不代表宝宝将来就会变成静不下心来的孩子，请放心吧。

如果走到外面去的话，既有一种解放感，又能看到大量的房间里没有的新奇的事情，婴儿总是喜欢新鲜的充满刺激的世界。另外，如果发现宝宝又要哭闹了，即使是在屋里，也可以做一些力所能及的活动。满足了宝宝想活动的要求之后，宝宝情绪就会变好的。

比如有时让宝宝仰卧，有时让宝宝趴着。还可以竖着抱一会儿，在妈妈的腿上坐一会儿等。这种不断变换姿势的活动，对于宝宝肌肉均衡发育很有好处。

另外，还要注意不仅仅是大人让宝宝活动，更重要的是宝宝自己主动地活动。因此在宝宝的衣着方面要多加考虑，穿上容易活动的衣服。

还有就是让宝宝"舔东西玩"，这也是这个时期母亲的重要课题。选择玩具的时候，要挑选那些既轻又容易拿在手中的、放进嘴里不危险而且能洗的玩具。

与宝宝接触

 有哪些能让宝宝活动起来的游戏呢？

虽然宝宝还不会翻身，有时我也让他趴一会儿。有哪些能和妈妈一起玩，又能让宝宝活动起来的游戏呢？

 建议做一些能让宝宝变换姿势的活动。

目前这个时期，还谈不上"能让宝宝活动起来的游戏"，主要活动是以与宝宝的肌肤亲密接触和抚摸为中心。在陪宝宝的同时，可以不断地变换宝宝的姿势，既是运动又是玩耍。

夜里哭啼

 宝宝每隔 2 个小时就会哭一次，是夜间哭啼的前兆吗？

宝宝在深夜 12 点以后，每隔 2 个小时左右就会哭，如果给他奶嘴吸吮，马上就会重新入睡。这是夜间哭啼的前兆吗？

 用能引起宝宝睡意的办法。

宝宝夜间哭啼之所以会让母亲为难，也许是因为宝宝的生活已经有了一定的规律，夜里睡觉的时间也比较长了。偏偏在这个时候，又开始了哭闹。其实，婴儿睡觉和学走路是一个道理，都是随着宝宝的成长发育慢慢地变得越来越好。因此，宝宝啼哭仍然是宝宝还不太会睡觉的缘故。

宝宝吸吮奶嘴就会马上入睡的话，今后完全可以继续这么做。还可以陪着宝宝睡觉或者轻轻地拍拍宝宝后背，用这些办法使宝宝能安心入睡。

如果仅仅是想让宝宝尽快停止哭闹，抱起来一会儿是最好的办法。对于夜间啼哭，最根本的还是要想办法让宝宝安心下来以后，再引起他的睡意。

哺乳的烦恼

 宝宝奶粉喝得越来越少了，怎么办呢？

我知道这个时期宝宝必须继续喝奶粉，但自从开始吃辅食以后，宝宝基本上不愿意喝奶粉了。这样下去行吗？

 试试调整一下宝宝的生活规律。

这个时期的宝宝仅仅依靠辅食，营养是不够的。一般来说平均每天要吃1次辅食，要喂4次母乳或奶粉。但是若能吃很多的辅食，奶粉的量当然就会相应地减少。这时如果宝宝的精神不错，体重也在正常地增加的话，我认为就不必在意宝宝每天吃多少奶粉了。

如果体重增加较少的情况下，就要在吃完辅食的基础上，再添加奶粉了。如果宝宝吃完辅食之后，还能喝奶粉就喂宝宝吧。

要让宝宝辅食吃得好，生活有规律非常重要。早上定点起床，之后喂奶粉，然后可以出去散散步或玩一会儿。在吃下顿饭之前，估计宝宝又会饿的，这样自然地奶粉的量就会增加起来。而且，早上起得早的话，喝奶粉的次数也就会相应地增加的。

辅食

 宝宝总是用舌头把辅食从嘴里顶出来，怎么办呢？

最近虽然开始喂辅食了，但宝宝一尝到马上就用舌头顶了出来，也没有想继续吃的意思。这样下去行吗？因为不喜欢果汁，从来就没有喝过。

在维持现状的同时，经常让宝宝看大家吃饭的样子。

在母乳喂得足够又不缺营养的情况下，不少婴儿都表现出对辅食不感兴趣。硬要宝宝吃的话反而会产生负面影响，不如就维持现在的状态。然后，在家里人一边吃饭的时候，一边喂辅食试试看。知道了吃饭的乐趣，也能促使婴儿开始吃辅食。

另外，可以采取拉长哺乳的间隔，让宝宝有饥饿感。还可以让宝宝吸吮奶嘴以刺激口腔。宝宝如果讨厌果汁，不喂也没有关系。有的婴儿对不锈钢的勺子有抵触感，可以换成塑料勺子试试看。

 饭量

 宝宝吃得很多，但不知道吃多少算是适量呢？

宝宝开始吃辅食了，非常能吃，没有了就大哭不止，真没办法。不知道喂多少算适量。

婴儿基本上是不会吃得过量的。

这一定是个既喜欢辅食又很能吃的宝宝吧。您担心宝宝吃得太多，

其实婴儿肚子饱了的话，就不会再吃了。所以基本上不会出现吃得过多的现象。

另外，辅食中水分相对较多，实际的量（作为营养的量来说）还是比较少的。如果还是觉得不放心的话，在宝宝吃饭时，可以一边和宝宝说着话，一边放慢喂饭的速度。您可以跟宝宝说："这是胡萝卜"，"这是土豆，也很好吃，对吧"等，随着喂饭的速度放慢，就会相应地延长了吃饭的时间。即使宝宝吃的量不如以前多了，也会有吃饱的感觉。

保护宝宝牙齿

 宝宝开始长牙了，要注意哪些方面的问题呢？

宝宝刚过 5 个月的时候，我就发现下牙床开始长牙了。保健师说可以轻轻地刷刷。另外还要注意什么问题吗？

 给婴儿刷牙不用过于神经质，首先要有个轻松的气氛。

婴儿的牙齿刚长出 1 颗或 2 颗，辅食也刚开始吃。在这样的时期，对牙齿的保护不必那么神经质。唾液的

大量分泌，会对牙齿起到自净的作用。

在过了 1 周岁，上下各长齐 4 颗牙齿并且正式开始吃饭以后，再开始刷牙也不迟。在这之前，从吃辅食开始，用纱布擦拭一下即可。

当然，如果宝宝不反感的话，也可以给他刷一刷。但是不要有"不管愿意不愿意，不刷不行"的想法，这种意识会严重影响到宝宝。先要创造一个让宝宝感到开心的刷牙气氛，别让宝宝现在就对刷牙有抵触感。

儿童安全座椅

 宝宝不愿意坐儿童安全座椅，怎么办好呢？

宝宝特讨厌坐在儿童安全座椅上。让他抱着布娃娃，或者用其他的事情来吸引他的注意力，都不奏效。有什么好办法吗？

 握着宝宝的小手，表现出"同感"的态度。

几乎所有的婴儿都不愿意坐束缚自己自由的儿童安全座椅。除了汽车您没有考虑用其他的交通工具吗？如果无论如何只能乘车外出的话，对宝宝讨厌儿童安全座椅，又哭又闹这件

事情，只能听之任之了。

但是，有必要安慰一下宝宝。可以握着宝宝的小手，和宝宝说说话。可以跟宝宝说，"再稍微忍耐一下啊"，"没办法，宝宝必须坐在这里，对不起啊"等等。向宝宝表示妈妈充分理解宝宝不愿意坐在儿童安全座椅上的心情。

即使宝宝依然啼哭不止，这和宝宝感到被忽视，被放置不管的所谓"恐慌"状态下的啼哭是完全不一样的。现在宝宝只是觉得不能按自己的意识行事，因此生气而哭泣的。但由于有妈妈的安慰，宝宝会觉得他会被从儿童安全座椅上解救下来。在哭泣的同时，也能够感受到妈妈的同情心。

旅行

 我想带着宝宝和全家一起旅行，应该注意哪些问题呢？

因为带孩子已经习惯了，所以想带着宝宝做一次全家旅行。但是由于目前正是宝宝免疫力渐渐减弱之时，万一生病了怎么办呢？想到这一点，就怎么也下不了决心。请告知旅行时，对于健康问题要做好哪些思想准备，

以及宝宝万一生病了，该如何应对？

 以宝宝为中心安排旅行计划。

带着宝宝去旅行，首先要注意的问题是，旅行计划在时间上要安排得非常宽裕。比如到达住宿地以后，不能立刻带着宝宝四处去转，而要像回到家一样，好好休息一下，帮宝宝恢复旅行中的疲劳。防止宝宝生病的最好的方法是尽可能地把旅行当做日常生活的延长线，尽量不要到人多的地方去。

万一宝宝生病了，就赶快到当地的医院就诊吧。自己事先准备的药只不过是让自己安心而已，要优先考虑大夫的意见。比如说宝宝发烧的时候，马上就给宝宝吃退烧药的话，有时就难以诊断出发烧的真正原因。所以，宝宝生病的时候，首先要去医院。那么，事先就要收集好旅行地医院方面的信息。好不容易出去旅游一趟，一定要事先做好收集信息的工作。

6个月

开始吃辅食了

宝宝一天比一天活泼，懂得了一起玩耍的乐趣。

宝宝的四肢特别是手指发育得越来越灵活了。已经会用手指夹着去拿东西了

身体的各个部位已经初步发育完善，很多婴儿都会翻身了。

而且手指也越来越灵活了，过去只能用整个手掌去握东西，现在可以用五个指头去夹着拿东西了。所以，很小的东西也能抓到手里，并且百分之百抓起后会往嘴里放，因此，妈妈要时时刻刻注意宝宝身边有没有危险物品。

这时也有可能会得出生后的第一次病，要对周围大人的健康情况加以小心和注意。因为此时婴儿从母亲那里得到的免疫力渐渐地消失了，这个时期要靠婴儿自身的免疫力来应付袭来的病菌。

由于对感冒等感染病症没有切实有效的预防方法，因此周围的大人要注意健康情况，从外面回家时一定要注意认真洗手。

宝宝即便真的发烧了，也没有必要慌张，或者过于神经质，因为发烧正是说明宝宝体内免疫力的准备工作已经完成了。

另外，要注意婴儿身体的变化。如果出现浑身软弱无力或者不停地哭闹，和平常的状态有些异常的话，就要马上去医院就诊。

辅食每日2次，但如果宝宝不太爱吃，不要勉强

从开始吃辅食至今已经过去了1个月，辅食次数可以增加到2次了。此时重要的是进展情况与吃的量要由婴儿自己来定，不要勉强。

开始吃母乳以外的食品以后，大便有可能会变软一些，次数也会变少，

只要宝宝的精神状态好，就没有问题。因此在宝宝吃辅食期间，要注意宝宝的大便情况，如果吃的东西没有被完全消化就排出体外的话，那么就得把食物再切碎一些，做得软一些，有利于帮助宝宝消化。

这个时期，宝宝期待着和爸爸妈妈玩藏猫猫

这时是想和爸爸妈妈在一起活动的时期。比如说和宝宝捉迷藏，宝宝就显得非常高兴和兴奋，常常会出现一次又一次地央求父母反复再玩的情况。智力也发育到能够预测到即便暂时看不到爸爸妈妈了，一会儿爸爸妈妈就又会出现的这种程度了。

6个月宝宝的育儿问答

翻身

Q 宝宝还不会翻身，可不可以让他坐呢？

出生6个月以后，宝宝还没有想做翻身动作的意思。想让宝宝在床上趴一会儿，就会显得不乐意立即哭起来。但似乎能坐了，这对宝宝的成长有没有影响呢？

A 有的婴儿的成长过程是跳跃式的。

婴儿的成长过程不是一成不变的。一般来说是先会翻身，然后才会坐，接下来是爬行、站立，最后是摇摇晃晃地学走路。但是，在婴儿当中，

也有跳过翻身这一阶段直接就会坐起来的。还有的妈妈担忧怎么还不会爬呢。也许某一天宝宝就突然从坐姿直接扶着东西站了起来。而且，这些对于宝宝的发育成长都没有什么不好的影响。

您家的宝宝恐怕是不喜欢趴着吧。也许是因为趴着会压迫胸部感到不舒服，因此造成不少婴儿不愿意翻身，其实讨厌趴着的婴儿非常多。

重要的是，要认识到"不会"与"不去做"是不一样的。如果您的宝宝已经能坐了，说明他选择了"不去做"翻身这个动作。

但是，早晚会发生"睡觉的时候翻来倒去，睡相难看"，总会有让您发牢骚的那一天的。

小脚丫的发育

 宝宝还不会一蹦一蹦地蹬踏，发育没问题吧？

宝宝出生 4 个月就会翻身了，但现在扶着宝宝的腋下让他站起来的时候，两脚却不会一蹦一蹦地蹬踏。在出生 6 个月健康诊断时，也没有查出发育有什么异常。

 让宝宝的发育顺其自然，不必担心。

婴儿在别人搀扶下站立起来的时候，两腿会绷直的，这是由于受到站立这一行为的刺激所产生的反射性反应。在会翻身以后，自然就会消失不见。取而代之，在抱起宝宝的时候，两腿就会向上提起来成 M 型了。

您说您的宝宝在 4 个月的时候就会翻身了，但身体柔软的婴儿在还没有长好翻身所必需的肌肉时，也会在某个时机偶然地翻过身来。所以，我猜测您的宝宝虽然看起来好像会翻身了，其实还不是真正的婴儿翻身。

当宝宝真正具备了翻身的能力，完全会做翻身的动作以后，他自然就会一蹦一蹦的了。做母亲的持有顺其自然成长这样的心态比较好。

扶着东西站立

 太早站立，是不是对宝宝发育不好呢？

宝宝在出生后 5 个月就会爬，进入 6 个月以后，不久居然摇摇晃晃开始站立了。宝宝现在还不会坐呢，而且是依靠自己力量站起来的。因为听说太早学站立，对宝宝的发育不好，所以很担心。

如果是宝宝自己站起来的话，就没有问题。

婴儿的身体发育有几个阶段。学会翻身以后慢慢地就会坐，开始会爬行了以后再开始学站立，最后是蹒跚学步。但是有的婴儿会跳过前面的阶段直接坐立了，还有的婴儿不学爬行就直接蹒跚学步。

您的宝宝并非是经过"训练"才会站立的，所以这是没有问题的，而且不久以后，就会坐的。

发育迟缓

 宝宝发育迟缓的状况，今后也会继续持续下去吗？

可能是出生时就比较小的缘故吧，我觉得宝宝的发育比正常的要晚2个月左右。翻身还差一点点，坐立的时候必须有人从后面扶着。这种发育迟缓的状况，今后也会继续持续下去吗？

 每个婴儿都有自己的成长发育方式。

关于婴儿的成长发育，个体差异本来就是很大的。出生的时候，身高体重各不相同，那么理所当然每个人的成长发育也都不相同。把自己的宝宝与别人的宝宝相比较，本身就是没有意义的事情。

重要的是要看宝宝是否在好好地吃奶，是否精神饱满地成长着。

在生活中稍微下点工夫，动动脑筋，让宝宝全身都能活动起来，对宝宝的成长发育是有益处的。比如爬行、仰卧以及竖着搂抱等等，让宝宝以各种各样的姿势活动。

在这些全身都能运动的快乐的活动当中，宝宝会按照适合自己的方式成长起来的。这就是所谓的正常顺利的成长发育。

眼睛斜视

 很担忧宝宝的斜视问题，要持续观察到什么时候呢？

在1个月健康诊断时，发现宝宝的眼睛有点儿斜视。每次健康诊断的时候，大夫都说是内斜视，不必担心。平时从脸上的表情上看不太出来，但是在看照片的时候，可以看出右眼睛有点偏内侧。要继续观察到什么时候呢？

 到1岁左右，就看不出来了。

为了调节眼睛的位置，在眼睛的

上下左右有4根肌肉。到出生后半年左右，这4根肌肉还处于没有完全发育好的状态。造成眼球的位置偏斜或看起来显得不稳定。类似情况并不罕见。

在这个时期，由于调节眼球位置的靠鼻子一侧的肌肉与靠耳朵一侧的肌肉发育得还不均衡，有时会造成眼球偏向内侧。之所以在照片上能看得出来，是因为在按快门的那一瞬间，眼球正好偏向了内侧。平时如果看不出来的话，就不必担心斜视的问题。

如果宝宝过了1岁，依然觉得眼睛有点偏斜，就去眼科找大夫咨询一下吧。

水疱疹

宝宝得了水泡疹，如何进行护理呢？

最近宝宝的脸上出了水疱疹，是不是皮肤太脆弱了呢？平时晚上总是用香皂洗脸，而且早晚用纱布擦拭。今后如何防止再出水疱疹呢？

注意皮肤的清洁，勤剪手指甲。

水疱疹是传染性脓痂疹，是化脓性水疱由于瘙痒而被挠破之后，被葡萄球菌等细菌感染才长出来的。是集体生活环境中容易发生的一种细菌性感染症，您的宝宝如果不在这种集体环境中生活的话，也许是由于蚊虫叮咬，出汗以及挠破湿疹等原因而产生的吧。

不管怎样，要保证婴儿的皮肤清洁，使得细菌无法繁殖。现在您做的就非常正确，但还要加上一条，即宝宝的小手也要用纱布擦干净，并且要及时给宝宝剪指甲。

爱发脾气

我感觉最近宝宝变得爱发脾气了，这是什么原因呢？

在吃辅食的时候，宝宝伸手想要拿勺子，于是就给了他。宝宝食欲很好，也吃得很香，但却突然发起脾气哭起来了。我觉得最近宝宝变得容易生气了，是宝宝开始会动脑子了呢？还是仅仅单纯地发脾气呢？

说明宝宝会表达自己的感情了，是进一步成长的证明。

宝宝对勺子感兴趣是好事，这时让他拿着也是对的，就让宝宝随便玩吧。

宝宝吃饭过程中突然哭了起来，

我想肯定是有理由的。比如说特别想吃却不能痛快地吃，或者妈妈喂食的速度与宝宝进食的速度不合拍等等。妈妈虽然不知道，但宝宝的哭泣是有道理的。

现在宝宝已经有一定的感情表达能力了，那么理所当然就不会只是老老实实地吃饭了。所以，母亲不要光想着："真是的，为什么不肯好好地吃饭呢"，"生气"是宝宝表达感情的一种方式，因此还不如转变一下思维方式："哇！宝宝长得好快呀，会表达感情了呀！"

便秘

 宝宝一直有点儿便秘，请问有什么好的预防方法吗？

从出生后半个月开始宝宝就经常便秘，请告知补充水分（种类以及数量）和其他预防便秘的方法。

 婴儿便秘是由于肠胃的发育还未完善的缘故。

这个时期婴儿便秘基本上都是因为肠胃的发育还未完善的缘故。随着不断地成长发育，大肠的蠕动渐渐正常以后，便秘自然就会消失的。此前，

应注意宝宝放屁的状况。之所以放屁，是因为大肠蠕动造成的，只要放屁就不必对宝宝的便秘担心了。

婴儿开始吃辅食以后，摄取的水分就容易比以前少，因此要适当地给宝宝补充水分。大麦茶、水或者稀释的果汁等等，这些都可以。酸奶也可以一点点儿地加到辅食中去。

另外，如果持续便秘，导致宝宝肚子发胀的话，可以暖和一下宝宝的肚子或者帮宝宝揉揉肚子。

大便

 宝宝开始吃辅食后，大便的次数也随之增加，没事吧？

宝宝从开始吃辅食以后，1天拉3至4次大便，没有关系吗？而且有时拉绿色的大便。

 没有消化掉的残渣增加的话，大便的次数与数量都会有所增加的。

母乳、奶粉与辅食，除了被身体吸收的营养不一样之外，未能消化的残渣数量也是不一样的。因此，婴儿大便的次数与数量也就会增加了。

绿色的大便是在出生1至2个月的婴儿中常看到的现象，目前这个阶

段即使还能看到一般也不用担心。但是如果总是拉绿色大便的话，就应该去儿科请大夫看看了。

误食

 宝宝什么都往嘴里放，应该重点注意哪些问题呢？

宝宝满屋子到处爬来爬去，看见玩具什么的都往嘴里放，并且舔着玩儿。虽然我知道不必过于神经质，但是哪些事情是必须要小心的呢？

 注意观察宝宝成长过程中发生的变化。

这个时期的婴儿对于映入眼帘的东西，都会抓住并往嘴里放的，他想确认究竟是什么东西。今后，手能够到的范围将会越来越大，往嘴里放的东西的种类也会越来越多。

也就是说，宝宝误食的可能性会慢慢地增大的。现在拿玩具的时候，还都是用整只手大把去抓，再过一段时间的话，就可以用手指头拿细小的东西了。大人需要注意的是，要关注婴儿成长过程中不断发生的变化。这样，您就会知道在不同的阶段，哪些东西对婴儿是危险的，哪些是没有关系的。

哭泣性痉挛

 宝宝大哭大闹的时候，会发生痉挛的现象，这没事吧？

宝宝大哭大闹的时候，有时好像要痉挛似的。呼吸就像跑马拉松的人一样，上气不接下气，身体都有点发抖了，这没事吗？

 找出宝宝哭泣的原因。

如果是脑部有问题引起的痉挛，有时虽然没有发烧等征兆也会突然出现的。这种情况的痉挛是非常明显的病症，必须立刻去儿科就诊。您家宝宝的情况看样子是所谓的哭泣性痉挛（愤怒性痉挛），基本上没有什么问题。

虽说如此，哭泣性痉挛是婴儿哭得很厉害的时候缺氧造成的，也就是说，这时的婴儿处于暂时性缺氧状态。哭泣停止以后，呼吸也就会慢慢地调整过来了。虽然这种痉挛不会随着哭泣的次数的增加而变得更加严重，但在痉挛的时候并非是完全没有危险的。

婴儿是用哭泣的方式向母亲诉说着什么。母亲可以把宝宝轻轻地抱在怀里，或者给宝宝喂喂奶水，还可以想办法让宝宝转移注意力等，尽可能地倾听宝宝的心声。

091

作息时间

 宝宝起床时间不固定，是否到时间就要喊宝宝起床呢？

宝宝起床时间有时早有时晚，是否应该固定一个时间喊宝宝起床呢？

 早上要在宝宝面前营造清晨的气氛。

早上起床的时间决定着一天的生活节奏，起床时间最好还是固定下来。但是不要老是只想着"该把宝宝喊醒了"，而是要考虑营造一个让宝宝容易起床的环境。

早上在固定时间打开窗帘让光线照射进来，同时让宝宝能感觉到妈妈在做家务事的气息，宝宝耳边响着电视机传来的声音。这种光线和声响的刺激，对促使宝宝醒过来是很有帮助的。如果这样做宝宝还继续睡的话，则可以和宝宝搭搭话。"早上好啊"，"多么清爽的早晨啊"等等。

现在是生活规律渐渐安定下来的时期，为了宝宝有一个正常的生活规律，做妈妈的要想办法从侧面给宝宝各种协助。

入眠仪式

 宝宝不吮吸着东西，就不肯入睡，怎么办呢？

我家的宝宝从出生到 6 个月左右一直是喂母乳，因此养成了含着乳头睡觉的习惯。现在睡觉的时候还必须让他拿着带把儿的小奶瓶吸吮或含着奶嘴，否则就不肯入睡。

 为宝宝寻找一个能安心睡觉的方法。

对于这些吮吸着乳头或拿着小奶瓶才能入睡的婴儿，很多母亲都有这种想法："让宝宝含着乳头早点睡吧"，"给宝宝拿着带把儿的小奶瓶吸吮，就会马上入睡"等等，妈妈的乳房和带把儿的小奶瓶都成为了让宝宝睡觉的工具了。但是，这种想法是一种误解。婴儿在含着乳头或吮吸小奶瓶时，会感到很安心，于是自然就容易入睡的。所以，母亲们要转换一下思路了。

因此，只要宝宝在睡觉的时候能够安心，那么吮吸着乳头或拿着小奶瓶，都是可以的，不必在意。随着婴儿不断地成长发育，会越来越容易入睡的，宝宝不会总是这样做的。等宝宝再稍微懂得更多事情以后，妈妈再考虑用更好的办法让宝宝入睡吧。

睡眠比较浅

 睡觉浅对宝宝的发育有影响吗？

宝宝睡觉时非常容易醒，特别是白天必须背着才肯睡觉，想轻轻地放在床上，马上就睁开眼睛哭起来。睡觉浅对宝宝的发育有影响吗？

 现在正是宝宝睡眠比较浅的时期，对身体的发育没影响。

整体来说婴儿的睡眠一般都是比较浅的，稍微发出一点儿声响就会醒过来，抚摸一下也会常常微微地睁开眼睛。婴儿要睡得和大人一样沉还早着呢。所以这个时期睡眠都比较浅，也不会对身体的发育造成坏的影响。

到了出生后 4 至 5 个月的时候，体重身高的增加，都开始有自己的特点了。也许您会感到自己的宝宝发育速度开始放慢了，但只要体重身高的变化是一条增长曲线的话，就没有关系。认为宝宝的成长个性是"慢性子"就可以了。

生活规律

 是否不让宝宝在傍晚睡觉呢？

宝宝在傍晚 6 点半左右洗完澡就开始睡觉。夜里 10 点左右醒来会玩一会儿。是否应该不让宝宝在傍晚睡觉，到了晚上则让他早点儿睡呢？

 夜里宝宝要玩耍的话，让他静静地玩。

在这个时期，婴儿会慢慢地形成白天与夜晚弛张有序的生活节奏。洗澡以后，感到疲惫的宝宝舒舒服服地睡上一觉，这是常有的事情，没有必要担心。

您的宝宝夜里 10 点左右醒来玩耍的话，一定要让他静静地玩，不能让宝宝兴高采烈、兴奋过头。要让宝宝按照自己的方式慢慢地玩耍。

不管怎样，婴儿再长大一点儿，有了体力之后就不会洗完澡马上睡觉，入睡时间也就能固定下来了。如果现在这样夜里 10 点醒来会影响全家作息时间的话，可以把宝宝的洗浴时间适当推迟，这样，宝宝就可在洗澡以后立刻入睡了。

辅食未经消化就排出，吃辅食的时间是否太早了呢？

我家宝宝在大人吃饭的时候，从口中直流口水，显得很想吃的样子。于是在出生 5 个月的时候，开始喂他糙米饭和蔬菜泥，结果未经消化就和大便一起排出来了。吃辅食是否太早了呢？

 从吃辅食的第一步开始，就不能着急。

一般婴儿都是从 6 个月开始吃辅食的，"流口水"、"显得很想吃"这些现象是开始吃辅食的信号，这时就可以喂宝宝吃辅食了。

随着成长发育的加快，为了补充只吃母乳容易缺乏的维生素、钙以及铁等营养素，就要一点点儿地开始吃辅食了。这时候的关键问题是要慢慢地来，不能急躁。

而且，在吃辅食时的另一个关键问题是要注意观察宝宝的大便。蔬菜泥若与大便同时被排出的话，可以尝试着把蔬菜泥稀释以后再给宝宝吃。在宝宝习惯了食物以后，进入下一步就会比较容易了。

 1 天喂宝宝 2 次辅食，多不多呢？

我家宝宝可喜欢吃辅食了，能吃很多。才 6 个月就能 1 天吃 2 次了。是不是吃得太多了呢？

 吃辅食是吃不胖的，重要的是吃得开心，吃得香。

婴儿喜欢吃辅食对于母亲来说是求之不得，值得庆幸的事情。您担心宝宝吃得太多，其实辅食含有很多水分，并没有多少热量。不会直接成为导致肥胖症的原因，让宝宝这么吃是没有关系的。

婴儿吃辅食也是有高峰期与低谷期的，不用介意吃的量多与少。即使现在母亲惊叹："哇！能吃这么多呀！没问题吧？"再过一段时间，也许就变成了："哎呀，就不吃啦，再吃一点吧。"所以，检查宝宝吃得好与不好，重点是要看是否吃得开心，吃得香。

 宝宝不喜欢辅食，现在都没有什么进展，怎么办呢？

1个月之前开始喂宝宝吃辅食的，

还没有吃到一半就不肯吃了，非要吃母乳，辅食到现在都没有什么进展。

 先让宝宝习惯和适应辅食。

在婴儿刚开始吃辅食的时候，最重要的是让宝宝习惯辅食的味道，适应勺子的感觉。而且，有必要让宝宝体验到吃饭的乐趣。在宝宝不肯吃的时候，母亲可千万别沉下脸来，那样会破坏宝宝吃饭时的心情的。

这个时期主要是让宝宝习惯与适应。不肯吃的话，也不必太在意了。如果宝宝不愿意再吃了，那么索性就不喂了，吃饭时拖拖拉拉反而不好。

推动辅食进度

 感到宝宝吃辅食的进度有点慢，怎么办呢？

可能是因为小宝宝是第2个孩子，在心理上显得踏实的缘故吧，造成吃辅食的进度比较缓慢，量也吃得少。本来想慢慢来，现在还真的变成了这种状态。今后如何加快吃辅食的步伐呢？

 让宝宝体验食物的各种味道和口感。

关于婴儿的饭量，我认为没有必要担心。随着成长发育，消化吸收的能力会不断地完善，运动量也在不断增加。以后自然会越来越能吃的，吃多吃少宝宝自己能定，不用担心。

如果因为宝宝吃辅食的进度慢而担心的话，不妨变换食品的味道和增加食品的种类。还要让宝宝体验食物的软硬以及滑溜等口感以及各种味道，这都是吃辅食时应该注意的事项。一边观察宝宝的反应，一边扩大食品的范围。比如说可以分出一部分大人吃的菜，下工夫把味道弄得淡一些，口感滑溜一些，这都是不能忽视的细节。

推动辅食进度

 添加辅食开始挺顺利的，但最近进展得比较慢，没事吧？

从开始喂宝宝吃辅食到现在，一直都挺顺利的。但最近不知为什么，有时吃有时又不吃。我以为宝宝开始讨厌稠糊糊的东西了，于是换成颗粒状的食品喂他吃，结果招宝宝大哭一场，根本不吃。一直很爱吃的水果也不吃了，怎么办呀？

 喂宝宝辅食有三个注意事项。

　　婴儿现在已经开始能表达自己的情绪了，饮食的机能也渐渐地完善了。在这个时期，经常会发生辅食吃不下去的情况。这时要在观察宝宝的反应的同时，还要特别注意三点："要慢慢地来"，"要一点点地来"，"不能强迫"。这三点是非常重要的，过于勉强只会产生相反的效果。我估计宝宝把颗粒状的食物当做是异常的东西了，吃了一惊而大哭不止吧。看来这个时期还是喂他稠糊糊的东西为好。

　　我认为现在这个阶段，比起味道来说口感更重要，目前还无法判断宝宝喜欢什么食物，讨厌什么食物。一般来说，带酸味的东西婴儿是不喜欢的，所以挑选一些没有酸味的水果给宝宝吃吧。

进幼儿园

 宝宝进幼儿园时，应该注意哪些问题呢？

　　宝宝现在已经6个月了，我决定送他去幼儿园，因为我要去工作。

在这之前在家里我必须注意哪些问题呢？

 多与宝宝接触交流，让宝宝有依靠感。

　　在送宝宝去幼儿园之前，一般母亲会首先考虑"如何练习把宝宝从妈妈身边分开"。但是，这种想法正好反了。由于宝宝能揣摩出妈妈的心思，越想把宝宝从自己的身边分开，宝宝反而会拼命地缠着妈妈不撒手。

　　为了让宝宝能够安心地离开妈妈，母子之间必须事先构筑一个牢固的眷恋和信赖的关系。这种关系建立以后，在分离的时候，即使当时可能会哭一段时间，但真正爱自己、理解自己的妈妈的形象已经成为了宝宝的精神依赖，那么，妈妈暂时不在身边的时候，宝宝也能忍受的。

　　想要构筑眷恋和信赖的关系，就要尽可能地花时间与宝宝接触交流，而不是练习如何分开。去幼儿园之前的这段日子，所有的时间都应该和宝宝一起度过。然后，在有了一定的生活规律特别是夜间就寝规律以后，就可以顺利地进幼儿园了。

第二章
帮您解决 7 ～ 12 个月
宝宝成长的烦恼

7个月

可以坐得稳稳当当了

此时宝宝开始会坐了，在孩子的眼里世界一下子变得好大好大，什么东西都是那么的令人好奇。

▌ 宝宝可以自己坐得稳稳当当了

在 7 个月的时候，不用人扶，很多婴儿都可以慢慢地会坐了。

而一旦能自己坐了，孩子的双手就被解放了。所以，为了让宝宝能够充分地使用小手和手指头进行游戏，请妈妈准备好适当的玩具和适宜的环境吧。

▌ 此时宝宝开始长牙了

一般来说，6 ~ 7 个月的孩子开始长牙了。顺序一般先是下面的两颗前牙悄悄地拱出来，接着是上面的两颗前牙以及前牙旁边的两颗牙齿，然后是下面的前牙两侧的牙齿。当然，长牙齿的时间和顺序，很多孩子并不完全一样，有较大的个体差别。

长牙以后，很多人担心宝宝长虫牙。其实这时才刚刚开始给宝宝吃辅食。另外，孩子大量分泌的唾液，也起到了清洁牙齿的作用，所以，不必过于担心。如果宝宝不讨厌的话，可以在喂完奶或是吃完辅食之后，再喂一点儿凉白开或茶水就可以了。

▌ 吃辅食的过程如果顺利的话，可以添加用舌头就能弄碎的食物

这个时期，辅食的种类渐渐地变得丰富多彩，同时，量也越来越大。于是，在这个时期，妈妈可以让宝宝

一日吃两餐辅食了。比如，可以把家里人平常吃的饭菜，弄得稍微清淡一些，给宝贝尝一尝，让孩子有接触各种各样味道的机会。饭菜硬度的基准是，能用舌头弄碎。

也有在这个时期开始夜里哭闹的婴儿

出生 6 ~ 7 个月以后，夜里开始哭闹的宝宝多起来了。其原因目前还不甚明了，根据实际情况可以考虑各种不同的应对方法。比如说，为了让宝宝能够睡得舒服一些，可以轻轻地拍拍孩子的后背，或者紧挨在宝宝身边等等。孩子只要有了安全感，自然就应该能够安然入睡。

另外，还要检查孩子是否饿了或者渴了，是否该换尿布了以及房间的温度是否过高等等。如果奶嘴或柔软的毛巾对孩子的睡眠有效的话，不妨利用一下。

不管怎样，夜里哭闹只不过是宝宝成长过程中的一个阶段。"宝宝是因为还不会好好睡觉，才这样不停地哭闹"，做父母的就这样豁达地安慰自己吧。

7个月宝宝的育儿问答

翻身

 出生 6 个月才会翻身，是不是太晚了呢？

我家宝宝出生 6 个月才会翻身，是不是太晚了呀。今后的发育是否也会变得缓慢呢？目前已经会坐了，但还不会爬。

 一点儿都不晚，请放心。

有一种倾向，即不太会趴着的婴儿，往往翻身比较晚。甚至有的孩子在第九个月才会翻身。曾经听到有的母亲说，因为婴儿不会坐而正忧心忡忡呢，有一天却突然发现宝宝开始满地爬了。

有关身体活动能力的发育，可以说每个婴儿都不一样，个人差异非常大。您家宝宝的情况，已经极其接近平均的发育水平了，完全没有担心的必要。

希望您事先应该掌握的知识是，发育得早或晚即使偏离了"平均值"，但是其终点线，每个宝宝都没有太大的差别。不管怎样，所有的孩子从蹒跚学步开始，最终都会变得满地乱跑，让您的目光不敢片刻离开孩子的身影。

睡相

 宝宝的睡相不好，对骨骼的形成有影响吗？

我家的宝宝睡相非常不好，早上起床的时候，要么蜷曲着身子，要么枕头跑到肩膀那里去了。长时间地保持这种奇怪的姿势，我真担心会影响骨骼的发育。

 没有影响，但要防止孩子着凉。

婴儿本能地不会做伤害自己的事情。即使是您觉得的那种"不可思议

的难受的睡觉姿势"，从婴儿的角度来说，都是可以允许的范围。估计是宝宝在挪动身体的时候，正好在那一瞬间睡着了吧。如果这个姿势难受的话，孩子自然地会调节自己的睡姿。我们大人不也是这样吗？

本来婴儿的睡相不好是很平常的事情，如果宝宝的睡姿能从入睡一直保持到早上，那才叫奇迹呢。睡觉的时候，不是从被子里钻出来，就是头脚颠倒等等，所有的婴儿都是一样的。

您问到会影响骨骼的发育，其实完全不必担心。

与其担心对骨骼的影响，不如注意一下在寒冷季节别让孩子着凉了，多检查检查孩子盖被子的情况吧。

过敏性体质

 父母的体质有多少会遗传给孩子呢？

父亲有过敏性体质（哮喘等）会多大程度遗传给孩子呢？目前有要特别注意的事项吗？我有点担心。

 目前是很难断定的，不过不必过分担心。

目前，已经知道过敏症的发病受

几种"因子"的影响，您所提到的"爸爸的体质"也是其中之一。但是，即使继承了其体质，也未必就会患上过敏症。相反，也有的孩子，他们的父母并不是过敏体质，自己却得了过敏症。所以，仅仅用"体质"很多事情是无法解释清楚的。

如果判定饮食以及环境是引起过敏症的原因的话，那么可以采取相应的措施，予以消除。但实际上，要查明原因是非常困难的。要判断遗传因素占多大几率，那就会更难了。

如果现在还没有出现过敏症状的话，就暂且先不用担心，日常生活中，稍微注意一点儿远离体质以外的"因子"就足够了。

头发稀少

 宝宝的头发又稀又少，什么时候开始能多长一些呢？

宝宝的头发稀少是天生的，还处于金黄色的胎毛状态，最近多少显得有些浓密了。还要多长时间才能达到随风飘动的状态呢？

 过了换胎毛的时期就会变长的。

婴儿的毛发在出生的时候是柔软的胎发，在脱落以后重新长出来的才是乳幼儿的毛发。

一般在出生 3 个月以后胎发就会脱落的，但每个婴儿都有个体差异，有早有晚，不必担心。至于什么时候能长到随风飘动的状态，具体时间不好说，但是肯定会有这一天的，让我们默默地守护着他们的成长吧。

认生

 看到妈妈以外的人就会大哭不止，怎么办呢？

这个时期的宝宝非常认生真是让我头痛。妈妈以外的任何人要抱的话，宝宝都会哭起来，而且越哭越厉害。不仅仅是第一次见面的人，爷爷奶奶也是如此。今后准备送幼儿园，这样下去太让人担心了。我应该注意哪些事情呢？

在宝宝面前显得妈妈和对方很亲热的样子。

认生说明宝宝对自己的妈妈已经产生了深深的眷恋、信赖的感情，在与别人接触的时候，首先让宝宝看到妈妈和对方开心地聊天，笑容满面的样子。

婴儿是从母亲的态度来判断别人的，如果看到妈妈对别人很热情的话，宝宝也会对对方产生安全感，这个"第一印象"是非常重要的，如果宝宝放下心来，就会对对方产生好感和兴趣。

在去幼儿园之前的这些日子里，请尽量和宝宝开心地一起玩吧。让宝宝在与妈妈的交流当中"储藏"更多妈妈的母爱和温柔，将来去幼儿园的时候，宝宝要克服在陌生环境中所遇到的困惑，最好的武器就是宝宝事先"储藏"起来妈妈的母爱和温柔。

带宝宝外出

 白天只有我和宝宝两个人，是不是多带他出去走走呢？

爸爸上班的时候，带着宝宝外出，最多是到附近的超市买买东西。是不是应该更多地带着宝宝到外面去玩呢？附近没有同月龄的孩子，白天几乎只有我和宝宝两个人。

 家里人之间的接触交流，对宝宝来说是最好的环境。

宝宝平时悠悠闲闲地待在家中，做自己喜欢的事情，翻翻身或者爬来爬去。跟着妈妈去超市的同时，也是宝宝散步的好机会，目前这样的生活是非常适合婴儿的。在房间里，请一定为宝宝准备一块可以自由活动的空间。

在爸爸休息的时候，到公园或附近的亲子广场去转转吧。既能接触到同样大小的宝宝们，又能与其他父母交流育儿经验以及交换各种信息。

但是 7 个月大的孩子，还不会聚在一起玩耍的，所以附近没有同样月龄的孩子也不用担心。现在，与宝宝在一起尽可能多地接触交流，享受生活的快乐。

头部碰撞

 有时宝宝会咚的一声碰到脑袋，没有事吗？

宝宝开始坐立、爬行以后，由于平衡还掌握不好，常常会发生碰到脑袋的情况。我虽然加以注意了，但是还会时常发生。宝宝自己倒好像无所谓的样子，只是咚的一声让人揪心。

 认真检查家里有无危险的地方，采取适当的预防措施。

由于婴儿头部特别大，重心偏上，所以有时难以掌握平衡。坐立的时候会突然后仰；爬行的时候会撞上家具。随着宝宝的成长发育，活动范围不断地扩大，类似的事情不管怎样注意也是难以避免的。

即使头被撞了一下，如果宝宝的情绪没有受到影响，人也没有打蔫，甚至还会朝你乐呵呵地笑的话，就不会有什么问题了。

但是，有时则会发生意想不到的严重后果，所以要认真检查家中有无危险的地方，采取适当的预防措施。比如家具的棱角处要用缓冲垫包起来，地面如果是地板的话，则最好铺上平整的地毯等等。

紫外线照射

 在阳光比较强烈的时候，应该注意哪些问题呢？

我听说紫外线对孩子不好，所以，是不是不要老是带宝宝出去更好呢？在阳光比较强烈的季节，带宝宝去外面玩的时候，要注意哪些问题呢？

 带宝宝外出时注意选择适当的时间段和适当的场所。

最近经常被问到类似的问题，切实感受对紫外线感到顾虑的人多起来了。确实，这些年来，大家都在说紫外线的强度越来越厉害了。但是，对于孩子们的健康来说，在广阔的户外空间尽情地活动身体，感受大自然的气息是极其重要的事情。因此，要在让孩子们到户外空间活动玩耍的前提下，考虑采取相应的防紫外线措施。

要避开在阳光强烈照射的时间段（上午10点至下午2点左右）长时间外出，外出的时候要带上帽子，而且要在阴凉的地方玩耍。虽然可以涂抹防晒霜，但出汗以后，防晒霜就会被冲掉的，所以要经常重新涂抹，不能对防晒霜的效果抱太大的期望。

另外，不能忘记适度的休息和补充足够的水分。

空调

 夜里热得睡不着的时候，空调能一直开着吗？

宝宝夜里可能是热得难以入睡，

103

常常醒来后哼哼唧唧。空调、电风扇一直开着都没有关系吗？

 没关系。还要善于应对宝宝的哭泣。

宝宝由于闷热而难以入睡的时候，可以使用空调和电风扇，但是不能把空调的冷风和电风扇的风直接吹到宝宝身上。

宝宝哼哼唧唧和哭泣的原因并不单单是由于天气热难以入睡造成的，这是宝宝成长发育期间经常发生的事情，不必过于敏感。

"宝宝还是不能好好地睡觉啊，这也是没有办法的事情呀"，母亲就以这种态度应对这个事实吧。安慰宝宝的方法可以握着宝宝的小手，也可以拍拍宝宝的后背。

看电视

 宝宝常常靠近电视机，盯着画面看，可以吗？

宝宝喜欢看少儿节目。即使把他从电视机旁抱开，也会慢慢地往电视机前蹭，或者扶着什么东西站在电视的正前方。稍微让宝宝看一会儿也没关系吧？

 想办法别让宝宝离电视太近。

虽说看起来宝宝挺喜欢看电视的，其实这么大的婴儿不是被电视节目内容所吸引，只不过是被闪烁着的画面以及声音吸引住了。电视是单行线的，婴儿不能与之互动。所以，这个时期不要让宝宝在电视机前待太长的时间。

担心宝宝离电视机太近的话，可以在电视机前放上一个桌子或其他的东西，隔开宝宝与电视机。还要想办法帮宝宝找到电视机以外的，能引起宝宝兴趣的东西。

婴儿车

 宝宝居然站在婴儿车上了，太危险了吧？

带宝宝外出时，经常使用婴儿车。但是自从宝宝会扶着东西走路以后，居然能站在婴儿车上了。系上安全带也不管用，宝宝会从里面钻出来的。有什么好措施吗？

 用布娃娃或其他的玩具，把宝宝吸引在婴儿车上。

您的宝宝真是个好动的孩子啊。

能从安全带中钻出来，是因为身体可以自由活动了。

但是，哪里会有危险宝宝是不懂的，有必要多加注意。使用婴儿车的时候，可以再准备一条安全带或绳子，用双重保险使他钻不出来。

另外，还可以把宝宝喜欢的布娃娃等玩具放在婴儿车上，这样做也是很有效果的。您可以跟宝宝说："今天你是和小熊在一起的啊，好好地抱着它呀。"尽量把宝宝的注意力转移到喜欢的玩具上来，往往宝宝会老老实实地坐在车里。

如果还是不行的话，就有必要暂停使用婴儿车了。出门的时候可以背着宝宝去。如果可能的话，再请一个人陪同一起外出，帮忙照看宝宝。

不管怎么说，毕竟宝宝的安全是第一位的。

睡眠时间

 我感到宝宝的睡眠时间太短了，怎么办呢？

我家宝宝白天几乎不睡觉，晚上也要醒来好几次。睡眠时间是不是太短了呢？这样下去没事吗？

 睡眠时间是有个体差异的，不必担心。

您担心宝宝白天睡眠时间太短，其实白天睡眠时间每个婴儿都是不一样的，只要是自然睡醒的话，尽管只睡 30 分钟到 1 个小时也没有问题。

另外，婴儿是不会睡懒觉的，睡够以后就不会再睡了，不必忧虑。

婴儿夜里睁开眼睛醒来是和睡眠方式有关的，从入睡到睡醒起床，整个睡眠期间的状态并不是一成不变的。而是处于浅睡阶段（雷姆睡眠）和深度睡眠阶段（非雷姆睡眠）周期性循环当中。在浅睡阶段，婴儿睁眼醒过来是常有的事情。

随着宝宝不断地成长发育，睡眠会越来越好的。即使在浅睡阶段也不会醒，能一直睡到清晨。

夜间哭泣

 宝宝夜间总是哼唧要吃奶，这也是夜间哭泣的一种吗？

宝宝自从出生后 5 个月开始，夜里总要醒来好几次。最近这段时间，每隔 1 至 1 个半小时就会睁开眼睛。也不是大声哭闹，就是哼哼唧唧地要

吃母乳。喝了之后 5 至 10 分钟又能马上进入梦乡。这也是夜间哭泣的一种类型吗？

 摸索一下哺乳之外的解决方法吧。

要想让宝宝晚上能充分睡好觉的话，就必须考虑如何尽早养成正常的生活规律。清晨早早地起床，上午让宝宝充分地活动身体，感受到白天的各种刺激，例如白天的光亮，生活的声响等等。到了晚上，则要营造一个寂静而又幽暗的环境。在白天与夜晚的不同气氛中，养成弛张有序的生活习惯。

首先，让宝宝在入睡之前吃得饱饱的。即使夜里又哼哼唧唧的，只要不是大声哭泣，可以考虑哺乳以外的解决方法。比如陪宝宝睡一会儿，轻轻地拍拍宝宝的后背或者握着宝宝的小手。

以前，只要宝宝开始哼哼唧唧，您就立刻喂奶，结果宝宝就养成了这个习惯。自然一醒就想找妈妈吃奶，并不是肚子饿了。所以，您用哺乳以外的方法试试看吧。

生活规律

 爸爸下班比较晚，所以宝宝到了深夜都不肯睡，怎么办？

在宝宝的生活规律正在渐渐形成的时候，由于就寝时间正好与爸爸下班回家时间重合了，宝宝看到爸爸回家就特别的兴奋，不知不觉中就到了深夜，但是宝宝却不肯睡觉。为了给孩子尽早地养成一个良好的生活习惯，可以强迫宝宝睡觉吗？

 取得爸爸的理解，把养成一定的生活规律作为优先事项。

有规律的生活对于保证婴儿的身体健康，是极其重要的。而且，一旦养成了生活规律以后，带孩子就会比较容易，母亲也会轻松一些了。虽然说宝宝和下班后的爸爸进行交流在一天的活动中也是非常重要的事情，但是为了不打乱宝宝正常的生活规律，希望能够把 9 点之前入睡作为一个原则来实行。育儿期的疏忽往往会成为打乱生活规律的因素，所以，要争取得到父亲的理解。

当爸爸下班比较晚的时候，要先保证宝宝的睡眠。在母亲正在哄宝宝睡觉的时候，爸爸不要到宝宝房间里来。爸爸的晚餐只好一个人吃了，为了让宝宝健康茁壮地成长，只好暂时委屈爸爸一段时间了。如果早晨上班出发前能和宝宝交流一会儿那就再好不过了。

哺乳规律

 哺乳的间隔和原来一样，一直都很短，怎么办呢？

乳房也不像以前那么鼓胀了，可能就是这个原因吧，宝宝每次都吃得不多，哺乳的间隔就一直拉不开。

 应该适当增加辅食的量，然后仔细观察宝宝的反应。

在婴儿出生7到8个月的时候，辅食也到了一个新的阶段了，是从母乳、奶粉为中心向辅食为中心进行转换的时期。所以，此时不必过多地考虑母乳量的多与少，而要想办法增加宝宝每次吃辅食的量。

关于您说的乳房鼓胀的情况，当然现在和刚生孩子的时候有些不一样了。另外，因为已经习惯了鼓胀的状态，即使已经存满了母乳，自己有时也感觉不到了。

宝宝如果能多吃一点儿辅食的话，哺乳间隔就会渐渐拉开了。

辅食

 转换成以吃辅食为主时，关键应该注意哪些事情呢？

我家的宝宝不仅能吃很多的辅食，还能喝很多奶粉。我想让宝宝主要以吃辅食为主。应该从什么时候开始，又如何减少奶粉的量呢？

 辅食增加了的话，奶粉就会自然减少。

婴儿肚子饿了就要吃，饱了就不吃了。基本不会出现吃撑了或者饿了再忍一会的情况。现在还能喝很多奶粉的话，说明宝宝还想喝。

快到吃辅食后期的时候了，宝宝的食物慢慢地要转向辅食了。在考虑如何能喂饱宝宝的时候，不要总是想着如何减少奶粉的量，而是要考虑如何增加辅食的量。辅食吃习惯的话，自然而然奶粉的量就会减下来的。

每个婴儿的食欲都不一样，既有很能吃的孩子，也有吃得很少的孩子。所以，不必拘泥于辅食应该吃多少克，奶粉应该吃多少毫升。宝宝能吃多少就吃多少吧，不必为难孩子。

107

边吃边玩

 宝宝老是把手伸到碗里，乱搅一气，怎么办呢？

吃辅食的时候，宝宝特别喜欢把手伸到碗里乱搅。我把碗拿开并批评他："不许这样！"

结果宝宝发起脾气来，还大哭起来拒绝吃饭。让宝宝这样把手伸到碗里乱搅一气可以吗？

 为宝宝准备一个可以乱搅的食物吧。

辅食到了中期以后，婴儿对母乳、奶粉以外的食品也基本上都适应了。宝宝开始有心情"悠闲"起来了，有时会对吃的东西表现得很好奇。乱搅碗里的食物，我想也是对这种食物感兴趣的一种表现吧。也就是说，婴儿想知道这究竟是什么东西，摸起来是什么感觉。他想弄个明白才伸出手去乱搅的。母亲不要以为宝宝是故意捣乱，只是感兴趣觉得好奇罢了。

那么，您就可以事先准备好一个可以用手去触摸的食物，用这个食物来引起宝宝的兴趣。然后，在他全神贯注地"确认"的时候，看准时机不动声色地用勺子盛好其他的菜，塞到嘴里让宝宝吃，我想这是一个行之有效的方法。

这样，在宝宝面前放一道可以乱搅一气的菜，既不会惹宝宝不高兴，又能让宝宝好好地吃饭了。

辅食

 宝宝吃辅食的时间和饭量经常变化，怎么办呢？

我家宝宝特别能吃，只是吃饭的时间固定不下来，饭量每次也不一样，我有点儿担心。

 养成一定的生活规律以后，这个问题自然就能解决。

要把吃辅食的时间和饭量，放在整个生活规律中来考虑。如果起床时间和午睡时间没有规律的话，吃辅食的时间当然也就每天不一样了，还会造成婴儿食欲不稳定，饭量也就时多时少了。

所以，起床时间、午睡时间以及午睡的次数都有一定的规律之后，吃辅食的时间和饭量也就可以基本上固定下来了。

宝宝不吃母乳是因为辅食吃得太多的缘故吗？

宝宝在吃完辅食之后，有时会吃母乳有时又不吃。不吃是不是因为辅食喂得太多了呢？

 在婴儿的成长发育过程中，这是个很自然的事情。

辅食增加的话，当然母乳以及奶粉就会减少了。由于有的辅食含的水分比较多，使宝宝容易产生饱腹感，所以之后不愿意再吃母乳也并不是什么不可思议的事情。

母乳→离乳食品→普通食品，这是宝宝成长发育中的阶段性变化。有时发生不愿吃母乳这样的事情也是变化过程中的一个小插曲。与其忧心忡忡，不如说这是一个值得高兴的好现象。

只要宝宝发育正常，精神状态良好，就不必太介意每次吃辅食和母乳的量了。

 宝宝牙齿之间有缝隙，可以不用理它吗？

宝宝上面长出了 2 颗牙齿，但有一点儿缝隙。下面早已长出的 2 颗牙齿排列得很好。怎么办好呢？

 让宝宝时常吃一些硬一点儿的食物，锻炼上下颚的骨骼。

细细的小牙齿从牙龈里一个接一个地长出来，多可爱呀。刚开始长乳牙的时候，确实是容易长歪长斜。但并非乳牙就这样固定不变了，随着旁边的乳牙陆续长出来，就会渐渐地排列整齐的。到上下各长齐 4 颗牙齿的时候，您的担心就会自然地消失的。

但是请注意，宝宝的牙齿长得整齐与否，也和上下颚骨骼的发育有关系的。颚骨过小的话，就挤不下那么多的牙齿，自然就容易挤得歪歪斜斜的了。这不是牙齿本身的问题，而是颚骨大小的问题。

到了宝宝和大人吃同样饭菜的时候，可以让宝宝吃一些硬一点儿的东西，而且要反复咀嚼，促进颚骨的发育。

109

经常咬牙

 宝宝经常咬牙，真担心他的牙齿，怎么办呢？

宝宝上面长了 4 颗牙齿，下面长出了 3 颗牙齿。也不知是不是因为牙痒痒，总是嘎吱嘎吱地咬牙。我真担心会把牙齿弄坏了。

 在保证安全和卫生的前提下，给宝宝一些能吸吮的玩具。

您家的宝宝牙齿长得好快呀。在这个时期应该给宝宝奶嘴吸吮，还可以给一些对牙齿有益处的玩具玩耍。选择玩具时要注意以下三点：1. 不会伤及口腔；2. 没有咽下去的危险；3. 易洗能保证清洁卫生。这时因为婴儿拿着玩具玩的时候，一定会塞到嘴里去的。所以，上述三点一定要牢牢记住。

婴儿在吸吮奶嘴的时候，会流出很多口水，嘴的周围也容易生红斑疹，因此有些母亲就不愿意让宝宝吸吮玩具。但是，对于宝宝的发育，吸吮玩具有重要的意义。不能因为宝宝流口水，嘴边长红斑疹就不让宝宝吸吮玩具了。只是在给宝宝玩具的同时，要注意经常保持宝宝的皮肤清洁。

和别的小朋友一起玩

 现在有没有必要让宝宝和同样大小的婴儿一起玩呢？

目前我家宝宝没有接触其他同月龄婴儿的机会，有互相接触的必要吗？

 现阶段的婴儿还不知道怎样与小朋友一起玩呢。

宝宝已经会翻身了，还会坐立、趴着……会做的事情真是越来越多了。这个时期的婴儿还会对玩具感兴趣，伸手去触摸，放到嘴里吸吮，有时还会用牙齿咬咬。母亲看到对各种事物都表现出极有兴趣的宝宝，也许就会不由地想到让宝宝去接触同样大小的小朋友吧。

但是，宝宝现在和其他小朋友一起玩耍还太早了一点。即使把宝宝们放到同一个场所，他们也只会在各自的世界中各玩各的，不会一起互动玩耍的。

但是对于母亲来说，与其他小宝宝及其母亲们接触交流是极其有意义的事情。积极参加各种育儿兴趣班的活动，或经常到公园散步，就自然会有很多与他们交流的机会。

让宝宝懂规矩

宝宝喜欢做什么就让他做什么，有没有限度呢？

虽然我听说过在婴儿时代，可以让宝宝任意做自己喜欢的事情。但是，在有危险的时候，或者是太不像话的时候，我都会不由自主地去制止。现在不必注意宝宝的礼仪，而任由宝宝扩大自己的活动范围吗？让宝宝尽情地做他喜欢做的事情，那么有没有限度呢？

除了危险的事情以外，其他的事情都尽量让宝宝去做。

这个时期婴儿的身体活动非常活跃，行动范围也在不断扩大。让宝宝自由地做自己想做的事情，这是非常重要的。但是，再自由也不能没有任何限制，要坚决制止宝宝做危险的事情，而且这种坚决的态度要让宝宝感觉到。

当然，婴儿是不懂得哪些事情是危险的，必须由大人来判断。由于居住环境和家庭成员的构成各家都不一样，那么每家可能发生的危险事项也是各不相同的，所以必须根据各家的实际情况，规定哪些是宝宝可以做的，哪些是不可以做的。对危险事项采取预防措施以后，禁止宝宝做的事情就会相应地减少了。

但是，在实际生活中，要能理解宝宝的心思，有些事情是可以原谅宝宝的。即使宝宝现在显得很不像话，没有礼貌，但并不代表将来一直会这样下去。

111

8 个 月

开始会爬了

我要去那里，我想自己吃……
在各种场合下都能看到宝宝
开始有自己的想法了。

宝宝体重的增加开始稳定下来，身材也变苗条了

婴儿不是总以同样的速度成长的，既有身高长得快的时候，也有体重长得快的时候。到了出生后7至8个月，体重的增加开始渐渐地稳定下来，身材也多多少少变得苗条一些了。

有的婴儿开始会爬了

由于坐立越来越稳，视野更加宽阔，婴儿开始出现"我想去那个地方"的欲望了，甚至有的婴儿已经开始爬

行了。

婴儿的爬行方式各式各样。除了有所谓的肚子悬空四肢爬行以外，还有肚子蹭着地面爬行的，也有的保持坐姿抬着屁股移动的。

婴儿越来越会活动之后，也许您会很在意宝宝掌握某个动作的快慢。其实成长发育的速度每个人都有自己的特点，做父母的只需静静地注视着自己的宝宝一步一步地成长就可以了。

在婴儿认生时，为了使之安心，要给予观察的时间

当婴儿一直盯着一个不认识的人的时候，这是开始认生的信号。婴儿这时已经能够认出爸爸妈妈以及其他亲人了，但当他看到不认得的人时，会感到恐惧和不安。之所以一直盯着人的脸，是因为宝宝是想辨认出这是亲人的脸还是陌生人的脸。

要想顺利地度过婴儿认生这一阶段，就要给宝宝进行观察的时间。平常没有和宝宝接触过的人，不要和宝宝对视。让宝宝看到爸爸妈妈与对方开心聊天的场景，如果宝宝知道了对

方是和爸爸妈妈很亲近的人，就不会感到恐惧和不安了。

在婴儿不愿意吃饭的时候，不能强迫

辅食吃过一段时间之后，也许是吃腻了吧，婴儿有时不想吃，还会出现不喜欢的辅食。父母绝对不要强迫宝宝吃饭，要让宝宝在愉快的气氛中吃饭。

另一方面，有时婴儿想自己动手吃，也许会把手伸到碗里乱搅一气。这是宝宝表达自己欲望的一种方式。如果不是纯粹地在玩耍的话，就让宝宝搅动一会儿吧。

8 个月宝宝的育儿问答

发育的忧虑

Q 宝宝身体活动的顺序和一般人相反，是否会加重对脚部的负担呢？

我家宝宝身体活动的顺序和一般人相反，是先会坐立后会翻身，还不会爬却已经能扶着东西站起来挪动身体了，看来马上就要学走路了。这种身体活动的顺序，是否会加重对脚部的负担呢？

A 婴儿身体发育的顺序是按照自身特点进行的。

婴儿的成长发育并不一定是按照固定的顺序进行的，虽然基本上是先易后难，但实际上还不会爬行就已经能扶着东西站起来的宝宝并不少见。如果宝宝会做更难的动作的话，说明他的身体已经发育到了能做这种动作的状态了，那么即使跳过前面的活动阶段也不会有问题。

您也不必担心宝宝马上就要学走路这个事情。有的婴儿在出生后 9 个月左右开始蹒跚学步，如果您的宝宝现在就开始学走路，是一件很值得高兴的事情，也不会对宝宝的脚部产生负担。

身体的成长发育会按照最符合宝宝自身的方式进行的。如果走路会造成负担的话，婴儿就会等到走路不成为负担之后，才会开始学走路，这是成长发育的原理。宝宝成长发育的顺序和速度都是有自己的"个性"的。

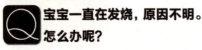
发烧

Q 宝宝一直在发烧，原因不明。怎么办呢？

前些日子我家宝宝发烧到39度，因为没有出现其他症状，我就给宝宝喂了点儿药。连续 4 天都烧到 38 度左右，最终也没有搞清楚发烧的原因。这个时期的宝宝经常会有这种现象吗？

 一定要注意婴儿发烧以外的症状。

在儿科门诊经常可以看到婴儿发烧到 39 度左右的现象。白天的兴奋状态有时会导致夜间发烧的，若有什么炎症的话，会连续烧好几天的。

发烧其本身只不过是一个信号而已。仅仅从发烧这一表面现象是看不出病因的，要把其他的症状综合起来判断。即使宝宝在发烧，如果依然显得很有精神，而且玩得很好的话，一般来说是没有什么病症的。

如果除了发烧以外，还有其他症状，比如出现不吃不喝还不停地哭闹，身上长出了斑疹以及呕吐等症状，就要马上去儿科就诊了。

还有一点要注意，就是宝宝发烧的时候要及时给宝宝补足水分。

学步车

Q 学步车会影响宝宝的发育吗？

宝宝坐上学步车后，可高兴了。但我也听说学步车对宝宝的发育不太好，难道会对宝宝的爬行和学步等产生不良的影响吗？

 如果宝宝已经会坐立，而且坐得很稳的话，就没有问题。

一般来说，婴儿开始使用学步车的一个标准，就是婴儿能不用手支撑着地面就能坐稳坐好。这时的婴儿支撑脊椎骨的肌肉已经发育得比较结实了，可以保持身体姿势的平衡，已经做好了从爬行向站立的身体准备。

婴儿身体的成长发育，是一个阶段结束之后，再进化到后一个阶段。人为地把某一个阶段提前，是没有意义的。

判断能否使用学步车，关键是要看宝宝坐得稳不稳。坐的时候不能前倒后仰，左右摇晃。

在宝宝能够支撑着自己的身体，兴高采烈地坐上学步车以后，就会出现新的问题，即随时会有摔倒的危险。要时刻注意和小心周围有没有台阶和凹凸不平的地方。

 "认人"

 宝宝什么时候能懂得自己的名字呢？

我在喊朋友的名字时，宝宝也会转过头来，能对声音做出反应。什么时候宝宝能知道在叫自己的名字呢？或者会说"拜拜"呢？另外，教的时候有什么窍门吗？

现在这个阶段，只需对宝宝所做的事情从心里感到开心就行了。

婴儿在比较早的时候之所以能够分清谁是爸爸，谁是妈妈，那是因为宝宝看到了具体的对象。但是名字是抽象的东西，在宝宝开始萌发自我意识，并且达到一定程度，也就是 1 岁之后，才能渐渐地意识到爸爸妈妈经常叫的那个"名字"，代表着宝宝自己。

虽然婴儿会做"拜拜"之类的动作，那只是模仿大人而已。要等过了 1 岁生日以后，才会慢慢地懂得"拜拜"意味着离别的含义。

在这之前，与其教宝宝做这些动作，不如开心地享受着宝宝给您带来的快乐。并且应该毫不掩饰地把您的喜悦表达出来。"宝宝好可爱呀""妈妈真开心啊""哇！宝宝会拜拜了"
等等。

腹股沟疝

 宝宝仅仅出现过 1 次腹股沟疝，今后不用再治疗可以吗？

宝宝在出生 1 个月的时候，出现过 1 次"鼠蹊部腹股沟疝"，之后就一直在观察。迄今为止只出现过那一次，在健康诊断的时候每次都请大夫诊断。今后如果不再出现这种症状的话，就不必再治疗了吗？

 要继续认真观察，并咨询经常给宝宝看病的大夫。

鼠蹊部腹股沟疝是肠管等内脏进入了腹股沟的一种病症，男孩较多见。造成腹股沟时而肿胀，时而复原。女孩这种病症比较少见，即使有，也多为卵巢窜到腹股沟去了。

您的宝宝曾经出现过一次这种病症，虽没有复发，并不意味着今后就不会再次复发了。在宝宝大哭之后、换尿布以及洗澡时，都要认真检查腹股沟有无肿胀现象。在一岁左右时，可以咨询经常给您宝宝看病的大夫，要不要接受鼠蹊部腹股沟疝的封闭手

术。

现在，很多医院在做完这种手术之后，当天就可以回家。手术之后基本上看不出手术的疤痕，所以，不必过于担心。

疱疹

 宝宝第一次发烧，就被诊断为疱疹，什么原因呢？

出生后八个月宝宝第一次发烧，当天就退烧了。但之后嘴的周围长出了水疱，被大夫诊断为疱疹。得疱疹的原因是什么呢？今后又如何预防呢？

 接受抗体检查是一种可行的方法。

疱疹病毒是一种通过身体接触而被感染的病毒。

通常一说起疱疹往往是指"单纯疱疹"。可以说婴儿发生这种病症多以"口腔炎症"的方式表现出来。但是，如果家里人都没有被疱疹病毒感染的话，这个月龄的宝宝怎么会被感染呢？我对于这个诊断多多少少是抱有疑问的。

虽然这种病毒都被称为疱疹病

毒，但也有好几种类型。单纯疱疹病毒是 1 型或者 2 型的疱疹病毒。另外还有 6 型、7 型等疱疹病毒。现在已经知道 6 型、7 型人类疱疹病毒是造成"突发性发疹"的罪魁祸首。

要想知道是被哪种类型的疱疹病毒感染了的话，查一下抗体就知道了。如果您担心宝宝的病情，可以到儿科接受抗体检查。

轮状病毒

 想咨询一下如何应对轮状病毒呢？

宝宝在出生 6 个月的时候，感染了轮状病毒，大夫说今后还会感染的。应该注意哪些问题呢？轮状病毒究竟是怎样的一种病毒呢？

 预防轮状病毒，要勤洗手。感染以后要多喝水。

轮状病毒是造成婴儿呕吐和腹泻的病毒，这种病毒使得腹泻时的大便呈现白色。

由于呕吐和腹泻，婴儿容易得脱水症。因此，在宝宝感染了轮状病毒以后，根据病情的进展，要及时给宝宝补充水分。我想由于从入秋到冬天

感染的人比较多，所以大夫才会和您说今后还会被感染的吧？

到了容易被感染的季节，从外面回来之后，一定要注意认真洗手。

便秘

 随着辅食吃得越来越多，宝宝常常便秘，怎么办呢？

从开始吃辅食到现在，已经过了比较长的一段时间了，但是宝宝变得容易便秘了。听说婴儿用便秘药或吃酸奶比较有效，但给宝宝喝了以后，也没有什么效果。

 要多给宝宝补充水分。

吃辅食以后，很多婴儿都常常发生便秘的现象。这是因为与吃母乳的时期相比，水分的摄取量相对减少了的缘故。

所以，解决便秘的方法，首先是要积极地摄取水分。一般来说，只要是含有水分的食物，喝什么都行。乳酸菌饮料能让大便变软，苹果汁以及橘汁等都可以喝。但不要喝那种浓缩还原型的，而要喝含有果糖的果汁。也就是说喝新鲜果汁。

117

但也要注意，甜的饮料不要让宝宝喝太多了。

体重增长

 宝宝吃喝都比较少，体重也不增长，怎么办呢？

宝宝体重增长情况不太理想。辅食有时吃有时又不吃。似乎比较喜欢吃母乳，但是如果宝宝精神不集中的话，连母乳都不太愿意吃。

 在宝宝肚子饿的时候，喂辅食。

婴儿到了这个月龄，身高体重的增加都趋于平稳状态了。如果宝宝的身高体重一直在增长的话，即使体重的增加方式显得比较缓慢，这也是婴儿在这个时期的普遍特征。哪怕宝宝多吃一些，体重也不会急速增加的。

随着婴儿不断地成长发育，仅仅依靠母乳是满足不了婴儿日益增长的营养需要的。因此，要循序渐进地把辅食作为主要的营养来源。但是，要注意尽可能在宝宝肚子饿的时候喂他吃。然后在这个基础上，再让宝宝吃自己特别喜欢的母乳怎么样呢？

坏毛病

 宝宝最近开始喜欢用脚踢自己的小鸡鸡，不阻止他行吗？

大概从一个月以前，我家宝宝开始踢自己的小鸡鸡了，偶尔会把小鸡鸡踢得发红。宝宝也不去抓挠它，所以，不应该是瘙痒引起的。不阻止他行吗？

 这不过是宝宝偶然持续的一个动作而已。

这么大的婴儿，手脚的活动越来越活跃。要么把脚踢得高高的，要么把手举到头顶上。活动的自由度大了以后，宝宝在做这些动作的时候，一定是非常开心的。

但是，这时候的婴儿还不会做太复杂的动作。常常只是重复做同样的动作，而且他们的动作还挺有"个性"的。有的宝宝抓扯自己的头发，有的宝宝则喜欢摸弄自己的耳朵……数不胜数。

关于您家宝宝的行为，我认为是踢出去的脚偶然碰到了他自己的小鸡鸡，没有必要担心。

好奇心

 宝宝可能对我的脸感兴趣吧，有时会被抓挠，什么原因？

如果我把脸靠近宝宝，他会突然用手指戳我的眼睛和嘴巴，好可怕呀。甚至在哺乳的时候，也会对我的脸感兴趣，或抓挠我的脸或揪扯我的头发。

 握着宝宝的小手，让宝宝抚摸您的脸颊吧。

对于好奇心旺盛的婴儿来说，把手伸向感兴趣的东西捣乱是很自然的事情。但因此而让妈妈受伤总不是什么高兴的事情。为了不让宝宝抓扯头发，可以事先采取防御措施，把头发给扎起来。

另外，还可以轻轻地握着宝宝的手，一边让宝宝能够触摸到妈妈的脸，一边告诉他："这是妈妈的鼻子"，"这是妈妈的眼睛"。满足宝宝的好奇心之后，再对宝宝说："好了，今天到此为止。"如果宝宝还是用手指乱戳的话，就要明明白白地告诉他，"别这样做，妈妈很疼的呀"，"不许这么调皮啊"。

然后再给宝宝一个玩具，把他的注意力转向其他地方。

缠着妈妈不放

 宝宝看见妈妈就想让妈妈抱。怎么办呢？

宝宝好像开始缠人了，别人抱的时候，虽然不会哭闹了，但是一旦看见妈妈的身影，就立刻会张开双手，嘴里发出"啊，啊"的声音让我抱。我认为如果答应宝宝的要求，立刻从别人手里抱过来的话，那今后宝宝该怎么和别人接触呢？

 对于宝宝的要求，您应该完全给予满足。

我认为这是婴儿的成长发育到了对母亲无比眷恋的阶段了，表明宝宝的成长发育是很顺利的。宝宝被别人抱着而不哭不闹，这只有在宝宝与妈妈建立了信赖关系以后才能做到。

理解了宝宝的想法之后，您就会知道如何应对此时的场面了吧。因为宝宝是在呼唤自己最信赖的人，所以应该认真地回应宝宝的呼唤。您不把宝宝接过来的话，就有可能损害宝宝对您的信赖。如果您当时确实没有工夫抱的话，就不要让宝宝看到您的身影。这也是体谅和爱护宝宝的做法。

119

独自一个人玩耍

 宝宝不愿意一个人玩耍，这个时期的婴儿都喜欢撒娇吗？

在大人准备晚饭的时候，宝宝一个人玩一会儿就不耐烦了。看见我就哭，伸手让我抱。以前用玩具哄一下就能转移注意力，而现在会把玩具扔到一边。是不是宝宝到了爱撒娇的时期了呢？

 母亲要在婴儿能看得见的地方，随时跟宝宝说话与交流。

此时婴儿的感情更加丰富，开始有了自己的想法和情绪了。此前可以被玩具所吸引而把母亲暂时忘记，而现在他可以一边玩耍着，一边留意妈妈的存在。特别是在准备晚饭忙乱的时候，杂乱的声音也会让宝宝感到不安，因此想让妈妈在身边陪着自己。

应对的方法是，要在宝宝看得见的地方做事情，随时和宝宝说话与交流。可以跟宝宝说："宝宝稍等一会儿啊，妈妈马上就能陪你啊。"即使宝宝哭了起来，如果妈妈能和宝宝说话的话，短时间内宝宝还是可以挺过来的。

哄宝宝睡觉

 如何做才能让宝宝轻松入睡呢？

我家的宝宝必须抱着，轻轻地拍着后背才肯入睡。有时要抱超过30分钟还不睡，没有办法只好让宝宝含着乳头睡觉。有没有别的办法哄孩子入睡呢？

 让宝宝形成一种感觉，即自己应该在床上睡觉。

想让婴儿不用妈妈抱着，自己就能入睡的话，要在宝宝被抱着还没有完全入睡之前，正迷迷糊糊的时候，就把宝宝放到床上。即使宝宝这时候哭起来，妈妈可以握住宝宝的手，轻轻地拍拍后背，还可以让宝宝听听摇篮曲。

如果还是哭个不停的话，再重复刚才的动作。就是再把宝宝抱起来，在似睡非睡的时候，再放回床上。这样在反反复复的过程中，渐渐地婴儿也会感到还是在床上容易睡着。从此宝宝只要一躺在床上，精神就会放松下来，慢慢地闭上眼睛进入梦乡了。这种身体上的感触非常重要，即使婴儿处于浅睡眠的阶段，也不会哼哼唧唧，啼哭磨人了。

哄宝宝睡觉

 宝宝夜里不含着乳头就不肯入睡，怎么办呢？

宝宝夜里要哭好几次，每晚必须陪着宝宝睡觉，让他含着乳头直到清晨。辅食倒是吃得不错，一直是喂母乳，没有喂过奶粉。现在宝宝还想吃母乳的话，还继续喂吗？

 让爸爸陪宝宝睡觉，现在可以不让宝宝含着乳头睡觉了。

关于吃完辅食之后的哺乳，现在这个阶段也应该让婴儿吃够吃饱。

这个时期，婴儿感情方面成长很快，心里开始有各种各样的想法了。由于越来越能活动了，在身心都很疲惫的时候，会睡得很香甜。但是当动作做得不像自己想象得那样自由自在的时候，或许就会造成夜里睡不安稳。这是每个婴儿在成长发育过程中都会经历的一个阶段，当婴儿的身体能够更加灵巧地活动的时候，情绪就会在运动当中发泄出去，那时夜里的睡眠就会好得多了。

如果由妈妈来陪宝宝睡觉，宝宝含着乳头睡觉的习惯就不容易改掉。让爸爸来陪陪宝宝吧，宝宝不是因为需要吸收营养才含着乳头的，爸爸陪着宝宝睡觉完全没有问题。

睡觉

 夜里每隔 2 个小时，宝宝就哭一次，怎么办呢？

夜里每隔 2 个小时宝宝就要哭一次。每次哭的时候，不趴在妈妈的肚子上就不肯入睡。

 为了让宝宝能尽早入睡，就帮宝宝一把吧。

就像最初婴儿不太会吃奶，也不会走路一样，夜间啼哭也是因为婴儿还不太会睡觉的缘故造成的。

要让婴儿能够安心入睡，首先要查看一下是不是因为口渴、闷热等原因造成宝宝身体上不太舒适。还可以抱宝宝一会儿或是陪宝宝入睡。如果宝宝捏着毛巾、纱布之类的东西能够入睡的话，也可以灵活地运用一下。

随着婴儿身体的成长发育，生活整体上有了一定的规律之后，夜间哭啼的现象就会慢慢消失的，妈妈再辛苦一段时间吧。

清晨还是在固定的时间把宝宝叫醒好吧？

早上我都是让宝宝一直睡到自然醒来，是不是每天早上都在一个固定的时间叫醒为好呢？我家宝宝再晚也会在 9 点之前睁开眼睛的。

 不是要把宝宝叫醒，而是要营造一个有助于醒来的气氛。

在这个时期形成一定的生活规律是非常重要的。而前提条件就是宝宝早晨要在一个固定的时间起床。

虽说这样，但是由于婴儿夜里的睡眠状态和睡眠的深浅程度每天都是不一样的，所以，拘泥于某个固定时间也是不现实的。

父母应该营造一个诱使宝宝能醒过来的气氛。家里人都起床以后，就要打开窗帘，让室内照射进自然的光线，准备早饭的声响以及出门上班等各种响声要不断地传进宝宝的耳朵里。

而且，到了 7 点半、8 点左右，就可以和宝宝说话："宝宝还睡呢"、"差不多该起床了吧"等等，没有比妈妈的声音更能刺激宝宝，使其睁开眼睛的了。

 宝宝很困就是不肯睡觉，如何才能让他早点儿入睡呢？

到了夜晚，宝宝看起来挺困的样子，却还在东爬西爬，不肯睡觉，等到夜深以后，就会开始哭闹了。我试着陪宝宝睡觉，或抱着宝宝、拍着宝宝后背以及喂奶的方式都试过，但是都没有太大的效果。如何才能让宝宝早点儿入睡呢？

 要让周围的环境适宜于宝宝入睡。

要想睡得着，必须全身放松闭上双眼，进入一个安静的状态。对于婴儿来说还不能很好地做到这一点。因此要靠父母为宝宝营造一个容易入睡的环境。

首先，为了让婴儿能够全身放松，就不能让宝宝兴奋，要使之感到安心。在宝宝躺下之前，可以抱起宝宝，跟宝宝轻声慢语地说一会儿。不要给宝宝任何刺激，说话的声音不能太大，室内照明也不能太亮。

其次，宝宝的安静状态是宝宝躺在舒适的地方产生的。被褥软乎乎的感觉以及身体被包裹着的感觉，会让宝宝感到十分舒服的。所以，要注意床上的布置以及被褥软硬的程度。

另外，宝宝处于过于疲惫或者兴奋状态，都容易引起哭闹。所以，在宝宝睡觉之前应该保持一段安静的时间。

使还是睡不着，能够安静地休息一下也是不错的。

目前宝宝正处于早晚生活规律形成的过程当中。再过一段时间以后，宝宝身体活动会更加活跃，那时宝宝就会感到身心疲惫，到了下午时分，眼皮自然就会发沉而想睡觉的。

睡午觉

 宝宝不太喜欢睡午觉，没事儿吗？

宝宝白天不太睡午觉，在宝宝有点儿犯困或者因困乏而哼哼唧唧磨人的时候，本来想哄他入睡，宝宝反而会哇哇大哭。

 改变思路，不是让宝宝睡觉，而是让宝宝休息一下。

一般来说，不睡午觉也不会对成长发育产生什么影响。所以，不要把午睡当做必须要做的事情，而是要让宝宝在自然悠闲的气氛中，能休息一段时间。

当宝宝看上去像是要睡觉的样子时，可以跟宝宝说："过来和妈妈一起玩一会儿吧。"然后两人一起说说话，或者静静地和宝宝玩一会儿。宝宝往往会在不知不觉中进入梦乡，即

辅食

 宝宝什么时候能够自己拿着勺子吃饭呢？

我家的宝宝食欲旺盛，奶粉和辅食吃得都非常好。但是从来没有拿起勺子、奶瓶自己吃饭的欲望。从什么时候开始会自己拿勺子吃饭呢？

 首先要让宝宝对这些东西感兴趣。

吃辅食已经几个月了，母亲也开始希望宝宝能自己拿着勺子吃饭了。但是，现在让婴儿做这些事情还太勉强了。首先，必须要让婴儿对这些东西感兴趣，有伸手拿的欲望时才能够让宝宝试一试。母亲所能做的事情，就是要为宝宝准备一个能产生兴趣的环境。

比如说，可以在宝宝的饭碗边上

123

放上一把勺子。然后跟宝宝说，"宝宝你看，这是勺子呀"来引起宝宝的注意。感兴趣的婴儿就会拿起勺子舔一舔，或者用勺子敲桌子敲碗。还可以用勺子盛点儿菜递给宝宝试试看。总而言之，让宝宝用勺子这个比较"稀罕"的东西做各种事情的话，将引起宝宝用勺子吃饭的欲望。

辅食

 宝宝辅食吃得一直不太多，怎么办才能多吃一点儿呢？

宝宝不太爱吃辅食，喂母乳的次数也没能减下来。米粥能喝一口，苹果、红薯能吃上两口就很不错了。怎么办宝宝才肯多吃一点儿呢？

 体重如果在增长的话，少吃一点儿也没有关系。

每个月龄的婴儿应该吃多少饭，只是一个大致的数量范围，与之不一致也没有什么问题。体重如果在渐渐增长的话，就不必担心。看来您的宝宝是个格外喜欢吃母乳的孩子。宝宝可能会这样想："比起辅食来说，妈妈的母乳好吃得多！"

此时妈妈不要慌张，辅食的进展速度完全可以按照宝宝的意愿慢慢地、扎扎实实地进行。即使显得慢一些，但今后随着宝宝的运动量不断增大，身体自然就会增加对营养的需求。

如果现在硬要减少喂母乳的次数，反而会在精神上引起宝宝的不安。

不管怎样，宝宝会慢慢地明白吃辅食的乐趣的。母亲要想办法一边不断地改变、调整食品的种类和味道，一边观察宝宝的反应。

训练解大小便

 我想让宝宝挑战一下用坐便器大小便，有什么窍门吗？

因为宝宝已经能够坐稳了，所以想让宝宝用坐便器大小便，有什么窍门吗？宝宝吃完饭以后不久就要睡觉，所以时机不好掌握。

 不能操之过急，否则会造成婴儿精神紧张。等时机成熟以后再挑战吧。

婴儿坐在坐便器上大小便的前提条件除了会坐立以外，膀胱还必须能存住尿液以及大脑能控制尿液的排泄。目前这个时期，身体的发育还远未达到这个阶段，没有必要这么着急。

让婴儿坐在坐便器上的时候，也许有时会大小便，但那只是非常偶然的现象，并不是说把尿布脱下来就马上能大小便的。

宝宝成功一次的话，母亲不由得就会期待宝宝能够成功第二次。于是一次又一次地让宝宝坐在坐便器上，这也许会造成宝宝精神持续紧张。

在 1 个半小时至 2 个小时左右都不会尿湿尿布的情况下，让婴儿挑战一下坐便器，将会比较顺利的，而且宝宝在精神上也不会那么紧张了。

带宝宝出去旅行

 宝宝坐车能去多远的地方呢？可以泡温泉吗？

开车旅行时，宝宝能去多远呢？婴儿能泡温泉吗？

 参照婴儿的生活节奏，制定一个宝宝能承受的旅行计划。

婴儿在这个时期，还没有发育到能够享受旅行快乐的阶段。对于婴儿来说，最快乐的事情是过着有规律的日常生活。所以，旅行的时候，要制定一个不会打乱婴儿吃饭、睡眠等生活节奏的旅行计划。

去旅行之前，要做好周密的事前调查。比如在去目的地的途中，有无休息的场所、道路的拥挤状况以及住宿的地方是否适合带婴儿等等，在充分收集信息并反复研究的基础上，再决定前往的目的地和出发的时间。

温泉不要泡时间太长，从浴池上来之后，要用淋浴把宝宝冲洗干净。

能扶着东西站起来了

能够渐渐地懂得"给我"、"过来"等词汇。与宝宝一起玩耍变得越来越有意思了。

从爬行阶段向扶着东西站立的阶段发展，也有能突然站起来的婴儿

宝宝已经爬得非常快了，经常可以看到婴儿使劲地爬向自己想去的地方，而且有的婴儿已经能扶着沙发等家具，晃晃悠悠地站起来了。

在这个时期，宝宝的行动范围一天比一天大。千万不要忘记，随时检查在宝宝的视线范围内，有无危险物品存放。要牢牢记住即使昨天还是安全的地方，今天可能就已经变得不安全了。

渐渐地能够理解大人说话的意思了

爸爸妈妈说的话，宝宝能够一点点地理解了。如果对宝宝说："给我吧。"他就会把手中的玩具递过来；如果说："到外面玩去吗？"宝宝就会朝你点头。虽然还不会说话，但通过父母等人之间的对话，宝宝正在为以后开口说话打下词汇的基础。因此，请尽可能多和宝宝说说话吧。

尽量多陪着宝宝，反而能缩短宝宝的缠人时间

到了这个时期，宝宝该开始缠人了，往往看不到母亲就会哭起来。当发现宝宝出现缠人的征兆之后，就应该马上回到宝宝身边。"妈妈总和你

好棒呀！
自己站起来

在一起的呀。"安慰婴儿最好的办法就是要想方设法让宝宝有安心感。也许您觉得这样娇惯宝宝的话，不就会没完没了了吗？其实正好相反，宝宝如果有了"妈妈总是和我在一起"的安心感之后，就不会那么缠着您了。

9 个月宝宝的育儿问答

虽然到了一日三餐的时候了，但也要与婴儿的生活节奏相适应

该到让婴儿一天吃三餐饭的时期了。但这不只是与婴儿饮食机能的发育有关联，还和生活规律密切相关，特别是容易受到睡眠时间的影响。掌握不好时机的话，吃饭和睡觉就会互相干扰。比如说，你辛辛苦苦地做好了饭，正要喂的时候，宝宝却已经等不及睡着了。所以，如果宝宝白天的睡眠时间没有固定下来的话，很难保证让宝宝一天能吃上三次饭。因此吃饭时间和睡眠时间要一边适应一边调整，即使一时没有成功，再慢慢地调整就可以了。

另外，如果顺利地养成了一天吃三餐的习惯以后，就可以为宝宝选择一些用牙床可以捻碎的食物。

个子大小

Q 也许是不爱吃饭的缘故，宝宝身高体重偏低，怎么办呢？

辅食有时吃得多，有时吃得少。也许这是造成我家宝宝身高体重都偏低的原因吧。虽然身体发育的其他方面并没有什么问题，我也知道每个婴儿都有着自身成长发育的特点，作为母亲多少还是有点担心呀。

A 婴儿的成长发育状况都很正常就没问题。

正如您所说的，每个婴儿都有其自身成长发育的特点，没有必要去把自己的宝宝与别人的宝宝相比较。婴儿在长大一些以后，随着运动量的增加，饭量也会随之增加。之后身高体重都会不断地增长的。你的宝宝身高体重若是以一定的数值增加的话，就根本用不着担忧了。

您看到宝宝的饭量有时多有时少，可能很担心。其实您不必为宝宝每天的饭量操心，而应该以星期为单位，保证宝宝每周都能大致吃下一定数量的食物就可以了。

今后宝宝会越来越活泼好动的，身体能量消耗增大的话，食欲也会越来越旺盛的。

以前脖子没有劲，不能支撑的时候，当然既不能翻身，更不能坐立。但是一旦会坐立了，不少宝宝就会跳过爬行的阶段，直接可以扶着家具站起来了。

有些婴儿和您的宝宝一样，基本上不做"普通"的爬行动作，爬行的时候膝盖不碰地面。这是因为这些宝宝们已经进入到下一个成长阶段了，无需担心。

您的宝宝到处爬来爬去，一定是个好奇心很强的宝宝。现在只是爬行而已，不久就会扶着东西站起来，之后就是蹒跚学步了。

婴儿爬行

 宝宝爬行的时候，膝盖不碰地面，不必担心吗？

我家宝宝非常活泼好动到处乱爬。只是爬行的姿势和同月龄的婴儿不一样，膝盖不碰地面。一直这么下去没有关系吗？

 这说明宝宝的身体成长发育往前跳跃了一步，不必担心。

每个婴儿身体发育的差异都是非常大的，有的快一些，有的慢一些。

个子大小

 宝宝身体很大，似乎不太擅长运动，怎么办呢？

我家宝宝体重已经超过10公斤了，也许是这个原因吧，显得不太擅长运动。爬行也只会向后退。就这样放置不管行吗？

 先不要给宝宝下不擅长运动的结论。

婴儿最初本来就不会向前爬行的。一般大都由于手脚的动作不协调，用手推动的力气更大一些，往往就会造成向后退的现象。也有可能出现以肚脐为中心，在原地团团打转的有趣现象。婴儿自己在反复多次以后，早晚会向前爬行的。您就欣喜地注视着宝宝的进步吧。

这时体重就超过了 10 公斤确实是非常重了，但并非就会得肥胖症。胖墩墩体型的婴儿，随着成长发育，也会变得"苗条"起来的。

而且，您认为宝宝个子大就不擅长运动，这种想法是不对的。婴儿的运动能力从现在这个时期开始会发育得很快的，也许您的宝宝以后既会很麻利地扶着东西站起来，也会利索地学走路呢。

所以，在目前这个阶段给您的宝宝下不擅长运动的结论为时尚早。您可以一边期待着以后的发展，一边在心态上不慌不忙地养育着您的宝宝吧。

中耳炎

 宝宝的中耳炎老是反复发作，怎么办呢？

宝宝出生 7 个月的时候得了中耳炎，只要宝宝一流鼻涕，耳朵里就会流出脓液。至今已经得了 5、6 次了。

 必须认真治疗，直至痊愈。

在婴儿发烧的时候，如果一碰耳朵就会感到疼痛，并且耳朵里流出脓液的话，一定要去医院接受治疗。中耳炎是一种容易反复发作的病症，变成慢性中耳炎以后，有可能会影响婴儿的听觉。所以，必须持续地彻底地接受治疗，直到痊愈为止。

孩子在婴儿时期，连接鼻子深处与中耳的鼻管又粗又短，在患感冒的时候，病原菌容易侵入中耳，引起中耳炎。中耳和内耳发育完善之后，就不容易再得中耳炎了。在这之前，要充分注意观察宝宝的身体状况。

热性痉挛

 家里的大孩子发生过痉挛，是否有必要为小宝宝准备预防痉挛的坐药呢？

因为家里的大孩子发生过热性痉挛，所以当小宝宝患突发性发疹，发高烧时，我特别担心。虽然目前小宝宝基本上没有发烧，精神状态很好，我是不是应该事先请大夫开好预防痉挛的坐药呢？

 在还没有转为高烧之前，首先去医院接受诊断。

父母在小时候，或者小宝宝的哥哥姐姐发生过热性痉挛，那么小宝宝发生热性痉挛的可能性比较大。

但是您的小宝宝现在基本上既没有发烧，精神也很好，而且没有发生过热性痉挛。所以，我不建议您去医院请大夫开预防痉挛的坐药。

这种坐药有容易犯困的副作用，在现阶段最好不要轻易依赖药物。作为预防措施，不如在发烧还没有转为高烧之前，尽快带小宝宝到医院接受检查。

肘内障

 担心宝宝肘关节脱臼，请告知应注意哪些事情？

我家宝宝已经发生过 2 回肘关节脱臼了（左右胳臂各一次）。今后活动量越来越大，这让人提心吊胆。在宝宝玩耍以及夜里睡觉时，都要注意哪些事情呢？

 不要突然拉扯婴儿的胳臂。

肘关节脱臼被称为肘内障，这是在胳臂突然被拉扯的情况下，向某一方向加力以后造成的现象。

发生一次肘关节脱臼以后，就容易发生经常性脱臼。但一般在上小学之前，通常都能治愈。这是因为包裹着肘关节的韧带逐渐发育成熟，变得坚韧有力了，使得肘关节难以脱臼。

现阶段需要注意的是，在婴儿躺着的时候，不要拽着胳臂向上拉扯。以后特别要注意在宝宝开始蹒跚学步，由于脚步不稳跟跟跄跄，大人往往会不由自主地用劲儿想把宝宝拽起来，这样很容易脱臼的。

脱臼复位以后，疼痛即可消失，不会对以后产生什么影响。父母们平时多加注意，期待着宝宝发育得更加结实强壮吧。

去医院的基准

 为了不让病情恶化，何时去医院为好呢？

家里的大孩子出生以后，发烧到38 度我才会带去医院。但是自从有了小宝宝以后，我担心大孩子的病会传给小宝宝，所以只要大孩子有一点发烧、腹泻以及发疹之类的病症，我都会立刻带大孩子去医院。这样做可以吗？

 比起体温来说，更应重视精神状态如何。

到出生后 3 个月的这段时间，婴儿是不易发烧的。但是如果一旦发了烧，就不能大意。3 个月以后，渐渐地就不必太在意了。

宝宝发烧时，如果出现浑身乏力，对妈妈的声音反应迟钝之类症状的话，就要立刻去医院了。也就是说，不能以发不发烧作为是否要去医院的基准，而要观察宝宝整体的状况如何。还要与宝宝健康的时候相比，现在的状态怎么样。

婴儿到 3 岁的这段时间，是获得自身免疫力的阶段。母亲的这种沉着冷静的应对，对于处理宝宝的病情是很重要的。

 婴儿指甲

 每次给宝宝剪指甲时，总担心剪得太厉害了，怎么办呢？

可能因为宝宝活泼好动的原因吧，宝宝的指甲有时会折断。剪短的时候，我总怕指甲剪得太厉害了，怎么剪好呢？

 还是要经常剪的，不要拔掉宝宝指甲根部的倒刺。

婴儿的指甲类似勺子的形状，尖尖的，薄而不平。因此在抓东西或乱爬的时候，如果指甲碰到硬东西的话，就容易折裂，指甲根部还容易长出倒刺来。

长倒刺之后，不要用手去拔掉，可以用指甲刀剪掉。拔掉的话，有可能造成病菌侵入到指甲根部引起发炎，有不少婴儿就是因为这个原因去医院就诊的。

保护指甲最好的方法是经常给宝宝剪指甲。如果您担心剪得太厉害的话，就经常给宝宝剪一剪折裂的部分和长出来的倒刺吧。

131

如何预防蚊虫叮咬呢?

宝宝以前曾经被蚊虫叮肿过,有什么办法能预防被蚊虫叮咬呢?直接涂抹到身上的防虫药物,宝宝舔食了也没有关系吗?

 尽量避免在蚊虫出没的傍晚出门。

婴儿的新陈代谢非常快,而且体温也高。会放出大量的二氧化碳,所以很容易成为蚊虫叮咬的目标。

如果大量地舔食涂抹在皮肤上的防虫药物肯定不好。外出之际,尽量不要让皮肤暴露在衣服外面,防虫药物也可以直接涂在衣服上。而且,可能的话,尽量避免在蚊虫大量出没的傍晚出门。总之,预防蚊虫叮咬最好的方法是别去蚊虫大量出没、容易被叮咬的地方。

坏习惯

 宝宝喜欢用手拍打自己的头和脸,怎么办呢?

我家宝宝特别喜欢用手拍出声音来,那个样子非常可爱。但是如果行为升级的话,就会使劲地拍打自己的脸和头部。不高兴的时候,也会这样做来表示自己愤怒的情绪。这是否是成长中的一个过程呢?

 是成长中的一个过程,不必担心。

婴儿发现双手互相拍打就能发出声音,双手相碰时的感觉和发出的声音,对于婴儿来说,是足以刺激好奇心的,是一件既有趣又开心快乐的事情。在沉浸于这个动作时,宝宝有时会控制不住自己的情绪,结果就变为生气发怒或者哭闹,这都是自然的现象。

正如您所说的那样,这只是成长中的一个过程。宝宝在稍微大一点儿以后,控制情绪方面就会更加成熟,不必担心。

但是,看到热衷于拍手动作的宝宝的时候,大人可能会觉得既可爱又好笑。在旁边为宝宝叫好的话,宝宝有可能得意忘形,做出过火的动作,这点还是要注意。

把宝宝放到沙地或草坪上，居然会害怕，怎么办呢？

最近我家宝宝变得胆小了，在沙地或草坪把宝宝放下来的时候，宝宝会显得非常害怕。是不是到了胆小的时期了呢？

 您的宝宝属于谨慎型，要耐心地等待宝宝适应新环境。

婴儿有两种类型。一种是对第一次接触到的事物马上就表现出极大的兴趣，另一种则显得谨小慎微。您家的宝宝属于后者，所以让人感觉很胆小。对于宝宝来说，草坪、沙子的感觉与家里的地毯、地板的感觉完全不一样，而且是头一次看见。所以，不能适应而感到害怕也不是什么不可思议的事情。

一定要让宝宝按照自己的方法去适应。首先，母亲可以抱着宝宝坐在草坪上，或是抱着宝宝看着在沙地上玩耍的其他小朋友。渐渐地宝宝会感到"坐在草坪上好像也挺舒服的呀"，"在沙地里玩好像也挺开心的呀"。从而精神紧张的状态得以放松，才会放下心来。

在这之前，母亲不能强迫宝宝到草坪和沙地上玩耍，那样会起反作用的。母亲不要因为宝宝胆小而犯愁，宝宝是在用自己的方式熟悉周围的环境呢。

婴儿咬人

 有时会被宝宝咬一口，怎么办呀？

可能是正在长牙，宝宝感到牙痒痒了吧，有时会张嘴咬爸爸和妈妈的。怎么办好呢？

 让宝宝感到有比咬人更有意思的交流方式。

这是婴儿的一种自然行为。即在开始长牙的时候，牙床感到痒痒了。作为婴儿来说，相当于在跟爸爸妈妈打招呼呢，宝宝本身并没有要把爸爸妈妈咬疼的意思。

但是，一定要让宝宝明白，被咬一口是很疼的。宝宝每咬一次，当时就要告诉宝宝："别再咬了，妈妈很疼的"，"妈妈不喜欢宝宝总是咬人"。

更为关键的是，在制止宝宝咬人的行为之后，一定要与宝宝亲热一会儿。可以抚摸宝宝的头顶，也可以蹭

133

蹭宝宝的小脸蛋，还可以拍拍后背以及握握宝宝的小手等等，夸奖一番："你真是一个好宝宝呀！"

让宝宝亲身感到与爸爸妈妈玩耍，比咬人有意思得多。慢慢地就会觉得"咬人太没有意思了"。

误食东西

 宝宝什么东西都往嘴里塞，这要到什么时候为止呀？

最近，稍不注意宝宝就会把什么东西塞进嘴里。连餐巾纸都撕碎了以后往嘴里塞。真担心会不会把玩具之类的东西咽下去。这种状况会持续到什么时候为止呢？

 这种行为在爬行阶段会达到最高峰，要认真保管好危险物品。

婴儿对什么都会感到好奇的，现在他看到什么小东西就会马上塞进嘴里。"危险物品"一定要放到婴儿够不到的地方。

特别是香烟（烟灰缸中被水浸泡过的烟头）、小玩具、纽扣、电池等，这些东西咽下去的话，是很危险的，要随时注意放置的场所。

另外，婴儿的这种行为，在婴儿爬行阶段处于最高峰，不会持续太长时间的。

婴儿流口水

 宝宝一天要换 5、6 个围嘴，怎么办呢？

宝宝口水不停地流，一天要换 5、6 个围嘴。一般婴儿都会流这么多吗？会持续到什么时候呢？

 婴儿流口水是极其自然的事情。

这个月龄的婴儿，口水的确是非常多的。从吃辅食开始口水渐渐增多，有的孩子能持续到 3 岁左右。

那么，为什么会流口水呢？这是因为婴儿对自己流口水这件事情感到无所谓的缘故。大人流口水会感到不好意思或不像样子，所以会有意识地控制口水不让它流出来。婴儿则根本没有这种意识，宝宝只知道玩耍，根本不会有意识地把唾液咽下去。

但是，在口水有气味，或者口水异常多的时候，就要加以注意了，这有可能是口腔里有炎症造成的。所以，这时就要注意观察宝宝的情况了。

134

如何抱孩子

 抱和背，哪种方式更安全一些呢？

抱着宝宝外出的时候，曾经有人对我说："抱孩子走路，摔倒了很危险。"但我觉得把宝宝抱在前面，可以看到孩子的一举一动，比起背着宝宝，还是抱着让我更放心。究竟哪种方式更安全呢？

 各有优缺点，在不同的情况下，用不同的方法。

抱着和背着各有优缺点。抱着宝宝，虽然可以看得见宝宝，让人感到放心。但是却看不到脚底下，在有台阶或凹凸不平的地方，要千万小心不要被磕着绊着。

另外，如果手里还拿着东西的话，万一发生什么事情的时候，将无法用手去保护婴儿。而且，人的身体前部承受重量的时候，就要挺着腰板走路，容易给腰部增加负担。

背着的话，最大的优点是两手获得了自由。但是，由于看不见宝宝，即使有时帽子、头发之类的东西遮住了宝宝的脸，妈妈也不会知道的。

了解了各自的优缺点以后，您就可以根据当时的状况，灵活使用这两种方法。

婴儿食欲

 宝宝饭量不稳定，时多时少，怎么办呢？

宝宝的饭量每天都不一样，有时能吃一大碗，有时却只吃两口就不吃了。特别担心的是宝宝几乎不吃早餐。我不认为我家的宝宝有挑食的毛病，但是采取了各种办法也不见效。

 以周为单位，观察宝宝的饭量。

孩子和大人一样，有时食欲旺盛，有时又不思饮食。如果您对每一餐都关注的话，就会感到亦喜亦忧。把时间的跨度拉长一点观察就不会这样了，即使某一天吃得不太好，只要在一个星期的单位内能吃进一定的饭量，就没有问题，您用这个方法试试看吧。

早上不吃早餐，这是因为早上起床之后常常肚子不饿造成的。这个时候，可以让宝宝做些运动。比方可以跟宝宝说："跟妈妈一起做早操吧。"在运动完之后，再把早餐摆在宝宝面

135

前，这时的宝宝肚子就已经开始咕咕叫，食欲就会大增的。

等过了 1 岁，活动量增加之后，饭量就不会时多时少了。

婴儿挑食

 宝宝不太爱吃米粥和水果，怎么办呢？

我家宝宝特别讨厌喝米粥，每次喂粥，宝宝都会发脾气。虽然我想尽办法让米粥更有味道，还加进其他的东西，他还是不太喜欢喝。宝宝喜欢吃面包和乌冬面，而且吃得很多。也不喜欢吃水果。

 也许是因为喜欢吃有嚼头的食物吧。

似乎您的宝宝对于面包、乌冬面等需要在口中弄碎、咀嚼的东西很感兴趣，吃得很好。对于那些像米粥这样软乎乎的食物，也许该"毕业"了。

作为辅食，我想也应该进入最后的阶段了。当然这是一个大致的时间基准，不必过于拘泥。让宝宝吃喜欢吃的东西吧。

一般来说，婴儿并不太在乎食品的味道，而更容易被"口感"吸引住。

许多婴儿似乎都不喜欢干巴巴的或烂乎乎的食物。您的宝宝不爱吃米粥应该就属于这种情况吧。

宝宝对味道产生好恶感是以后的事情了。现在不必太追求什么味道而要优先考虑如何把食物做成宝宝喜欢的口感。

婴儿饭量

 宝宝能吃多少就喂多少，这样可以吗？

我家宝宝就是喜欢吃饭，能把眼前放着的食物一扫而光。我真担心宝宝会不会被撑坏了。宝宝能吃多少就喂多少吗？

 渐渐地要以吃主食为主了。

一般来说，婴儿不会因为吃得过多而把身体撑坏的。母亲饭菜做得好，于是就往肚子里填，仅此而已。

这时快到一日吃三餐的时候了，所以可以慢慢地吃和大人一样的食物。如果宝宝辅食吃得很多的话，就可以考虑把饭后本来应该喝的奶粉改为茶水，还可以减少奶粉的量。让宝宝吃点儿零食。

到了宝宝学走路的时候，运动量就会增加很多，吃进去的食物转换成能量就会被消耗掉。观察宝宝成长的时候，不要观察个别的"点"，而要把"点"连成线来观察。

辅食

 我总是把做好的辅食冷冻起来，因此，每次都是喂同样的食物，可以吗？

我每次都做很多辅食，然后放入冰箱冷冻起来。结果导致宝宝好长时间一直吃同样的东西。还是应该让宝宝的食物更加丰富一些好吧？

 辅食冷冻起来是一个可行的方法，但可以多做几种。

辅食每次都做得很少，确实非常麻烦。所以您多做一些，然后冷冻起来当然是可以的。但是您在做饭菜的时候，可以再细致一些。比如在调制味道之前，先把饭菜分成几小份之后再放进冷冻室比较好。

这样的话，即使是同样的素材，也可以做成咸味的，或是西红柿味道等不同的味道，还可以在冷冻的食物中加进一些新的食品材料。这样做不

用费时间，就可以变成另一道新菜。

可是，不要以为婴儿一定喜欢您天天变换菜肴，这个时期的婴儿往往喜欢吃惯了的味道和口感。虽然应该让宝宝习惯各种食物的味道和口感，但目前的阶段还是不必太在意。

婴儿吃饭时间

 让宝宝的吃饭时间和我们大人一样，是不是太早了呢？

晚饭的时候，宝宝是和大人一起吃的，因此宝宝吃饭的时候，显得很开心。我想让宝宝早饭和中午饭也和我们一起吃，是否太早了呢？

 一步一步地来，在调整中慢慢地向目标靠近。

吃饭的时候，原本就应该全家人坐在一起吃的，既开心又有食欲。只要不是过于勉强，是可以在时间上让宝宝和大人一起吃饭的。但是，要慢慢来，要有一个过程的。

比如说，早上以母乳或奶粉为主，再添加一些辅食。吃完早饭之后，距离中午饭时间较长，最好在10点左右给宝宝喂一些水或者吃点儿零食。中午饭可以和妈妈一起高高兴兴地

137

吃，吃完之后再喂母乳或奶粉。然后，宝宝的小肚子肯定支撑不到晚饭的时间，那么就要在下午3点左右准备好零食了。零食的量只需一点点，与辅食差不多的食物就可以。

在和全家人一起吃完晚饭后，入睡之前还要再喂一次母乳或者奶粉，这样就可以结束宝宝一天的饮食了。要把宝宝的吃饭时间调整到和大人一样，关键是不能急躁，不能勉强，给宝宝吃什么零食也要好好地想一想。这样宝宝的吃饭时间与大人的吃饭时间就会慢慢地越来越接近了。

辅食

 宝宝似乎还吃不了固体食品，这是不是也有个人差异呢？

我家宝宝目前第一颗牙齿刚刚露出一点点，似乎还吃不了固体食品。所以，那些育儿书上写的，出生9个月后应该给婴儿吃的食物我觉得现在还不能给宝宝吃。这是不是个人差异呢？是否不必太在意了呢？

 为宝宝准备一些用牙床就能碾碎的食物。

一般来说，婴儿槽牙都长齐，能

咀嚼之后，才能很好地吃固体食物，这要等到2岁以后。在这之前，母亲在给宝宝做饭的时候，是要下一番工夫的。

现在这个时期，所谓的固体食物，其硬度都是要能用牙床碾碎的。可以准备一些像煮得烂烂的蔬菜之类的，完全可以用牙床碾碎的食物。

另外，所谓的辅食进展的大致基准毕竟是"大致的"，母亲为宝宝准备好不用太费劲就能吃的食物吧。

断奶

 我想把母乳换成奶粉，但宝宝根本不喝，怎么办呢？

我打算在宝宝1岁左右断奶，于是想让宝宝习惯吃奶粉，在该哺乳的时候，试着给宝宝喂奶粉，结果马上就给吐了出来，根本不喝。我担心这样下去能断奶吗？

 让宝宝体验各种味道的食物。

您没有必要因为宝宝不吃母乳的"代替品"就感到心焦，因为宝宝肯定在琢磨："味道不一样，不是妈妈的奶。"世界上根本就没有能替代母乳的食品。

要想让婴儿慢慢地、自然地断奶，就要在宝宝开开心心地吃辅食期间，让宝宝体验各种各样的味道，这是非常重要的事情。在体验了几种没有吃过的味道之后，宝宝可能就会发现："这个比母乳还要好吃"，"虽然这不是母乳，我也很喜欢吃"。有了这种实际经历之后，婴儿的兴趣就会慢慢地转向那些比母乳更好吃、更开心的食物了。

不要只想着赶快让宝宝断奶，婴儿是在感兴趣的食物越来越多的过程中，慢慢地断奶的。

保护婴儿牙齿

 宝宝什么时候可以使用牙刷呢？

宝宝上面的牙齿长了 4 颗，下面也长了 2 颗了。每次吃完饭以及洗澡时我都会用纱布擦一擦。什么时候可以用牙刷呢？

 不要强迫宝宝，凭宝宝的兴趣来刷牙。

给宝宝刷牙的时候，可以用纱布，还可以用一种市场销售的，套在妈妈手指头上的牙刷。

最重要的是绝对不可以强迫婴儿刷牙。虽然可以理解妈妈的心情，想方设法想把宝宝的牙齿刷干净，如果宝宝不乐意也非要刷牙的话，说不定今后连把牙刷塞到口中都会感到讨厌的。

所以，首先要想办法让宝宝对刷牙感兴趣。有了兴趣之后，就可以准备一支安全的幼儿专用的牙刷了。有的幼儿专用牙刷在设计上可以防止牙刷进入口中过深，有的设计得非常适合于幼儿自己用手拿着刷。

刚开始的时候，让宝宝对刷牙感兴趣的重要性远远大于刷牙本身，而且也不可能刷得很好。所以，母亲对宝宝刷完之后，牙齿的干净程度不要抱太大的期望。然后，可以在轻松的气氛中，最后由母亲来帮宝宝再刷一次吧。

139

10 个 月

上下各长出 4颗牙齿了

爬得越来越快，从宝宝可爱的笑脸里，可以看到露出的小小的门牙。

婴儿扶着东西站起来，没多久就开始试着挪动脚步了

这个时期很多婴儿都爬得很好了。其中有的婴儿都能扶着东西站起来，并且很快就能挪动脚步了。这时就可以看出婴儿之间发育程度的差异了。

不过站在婴儿的角度考虑，即使用手扶着东西能站立起来，要迈出这第一步还是需要相当大的勇气的。如果是谨慎型的婴儿，拿出这个勇气是需要比较长的时间的。

父母们不必焦急，宝宝总会有迈出第一步的那一天。

能用大拇指和食指捏起比较小的东西了

指头变得非常灵活，即使是比较小的东西，也开始能够用大拇指和食指捏起来了。但这样一来，婴儿就会把任何东西都往嘴里塞，所以，千万不要在宝宝的周围放置"危险物品"。婴儿的活动范围一天比一天大，要时刻检查宝宝活动的场所，同时还要想办法扩大宝宝的自由活动空间。

开始能够模仿大人的动作，会做"拜拜"的动作了

在身体成长发育的同时，对外界的认识能力也一天比一天强。比如说出生6个月的婴儿就会玩藏猫猫了，这就说明宝宝已经有能记住对方面容的能力了，婴儿记忆的机能有了长足的发展。

而且，这时婴儿会一直盯着爸爸妈妈经常做的动作，然后加以模仿。比如能摆手说"拜拜"；还会在镜子前面梳头发……这是因为宝宝已经有了相当强的记忆和模仿能力了。

**■ 如果上下各长出 4 颗前齿，
就要注意保持牙齿的清洁了**

　　每个宝宝长牙齿的时间都不一样，但是如果上下各长出 4 颗前齿，就要开始注意保护宝宝的牙齿了。

　　可是，几乎所有的婴儿都不愿意让人把牙刷塞到自己的口中，所以，现在这个阶段，与其说要把牙刷干净，不如首先让宝宝有一个保护牙齿的习惯，慢慢地让宝宝能够适应牙刷这个保护牙齿的工具。如果现在就不管宝宝愿不愿意，非要给宝宝刷牙的话，反而真的会使宝宝厌恶刷牙了。

10 个月宝宝的育儿问答

婴儿爬行

Q 虽然能够扶着东西站起来，但却不会爬行，怎么办呢？

　　我家的宝宝已经能够扶着东西站起来了，但是却不会爬行。他移动身体的方法是不用手撑着地面，只是灵活地挪动着双腿前行。我听说即使不会爬行也不会影响宝宝发育，但以后腰部和腿脚会不会不够强壮呢？

A 如果能进入下一阶段的话，就没有问题。

　　每个婴儿在成长发育的时候，表现得都各不相同。和您的宝宝一样不会爬行的婴儿就相当多，一般来说，只要能进入下一阶段（扶着东西站立），即使跳过前一阶段（爬行），也不会有什么特别的问题。

为何婴儿会采取用腿和臀部向前挪动的姿势目前还不是很清楚。总之，这时的婴儿已经有向前移动的机能和欲望了。对于婴儿来说，也许采用这种姿势移动更加轻松吧。

至于您所担心的将来"腰部和腿脚"的问题，我想就根本不必担心了。

婴儿说话

 宝宝还没有开始开口说话，应该注意哪些问题呢？

我觉得宝宝应该可以说一些例如"妈妈"之类的话了，但是现在居然一个字都不会说。我家宝宝是个男孩儿，是不是男孩儿说话比女孩儿要晚一些呢？平常我是否有要注意的问题呢？

 现在是词汇积累阶段，尽量地多和宝宝说话。

"爸爸""妈妈"这种带有某种含义的语言，要等到婴儿1岁前后才会说，宝宝现在的月龄，您性子稍微急了一点儿。

但是，宝宝应该开始会用手来指东西了。即使还说不出来，看见小狗就会指着小狗，嘴里发出"啊，啊"的声音；母亲在说话的时候，会一直盯着妈妈的嘴唇拼命地想模仿。看到宝宝有类似的行为时，过不了太久，宝宝就会开始说话了。

关于男孩比女孩说话晚，我想至今还没有这方面的研究数据，但是说话的早晚应该会受到周围环境的影响。如果周围有很多人都经常和宝宝说话，宝宝词汇的积累是不是就会更多更快一些呢？所以，尽量地多和宝宝说说话吧。

特应性皮炎

 我怀疑宝宝得了特应性皮炎，很担心，怎么办呢？

虽然还没有带宝宝去医院检查，但宝宝的皮肤像是得了特应性皮炎，所以很担心。有人说还没有必要从现在起就进行饮食控制，也有人说最好马上进行过敏性检查。究竟应该如何应对呢？我感到宝宝目前皮肤的状态比以前要好一些了。

与其无根据地担忧，不如先到医院就诊。

我想婴儿皮肤的疾病是母亲最为忧虑的问题之一。婴儿的皮肤很薄，确实是容易得各种皮肤病。但是对于是不是特应性皮炎的判断，必须特别谨慎地下结论。

如果您不放心的话，可以去医院接受诊断，但是诊断不是万能的。再加上这个时期婴儿成长的速度非常快，因此各式各样的营养是必不可少的，所以不能随意地控制宝宝的饮食。如果万一被诊断为特应性皮炎而需要控制饮食，应该到专科医院认真地接受专业人员的指导。

肺部有痰的声音

 宝宝容易感冒，肺部有痰的声音，怎么办呢？

大孩子几乎从不得病，小宝宝却不是感冒就是腹泻。只要得了感冒，肺部总是能听到有痰的声音。原因是什么呢？

 世上没有不感冒的孩子，对患病的征兆和预防要注意。

像感冒这种传染病基本上都是从外面带进来的，您的大孩子也可能会从集体生活当中把病菌带回家的。大孩子要上幼儿园，外出的机会应该是很多的，当然，爸爸妈妈也同样会从外面把病菌带回家。

也就是说，小宝宝患感冒的几率，比大孩子小时候要高。并不是由于小宝宝身体特别虚弱，才容易感冒的。

能够听到肺部有痰的声音，这是婴儿患感冒时的一个特征。婴儿的支气管还比较狭窄，特别是当鼻子和喉咙因为感冒产生分泌物较多的时候，就容易听到这种声音。因为不是支气管的问题，所以不必太担心。

感冒是难以避免的，今后以这种心态来应对宝宝的感冒吧。平时要注意宝宝感冒有没有征兆；另外，感冒以后，注意别让感冒再加重就可以了。

抓挠耳朵

 宝宝经常抓挠耳朵，甚至抓出血来。这样下去怎么办呀？

宝宝经常抓挠右边的耳朵，去耳鼻科就诊时，大夫说要保持耳朵的清洁。所以，给宝宝洗澡的时候，总是刻意把耳朵洗得干干净净的。但是，还是不行，有时宝宝会把耳朵的根部和耳朵后面抓得裂开口子流出血来。这样下去怎么办呀？

 耳朵变成了宝宝的玩具了，最好还是再去一趟医院就诊。

到了这个时期，婴儿的手活动范围越来越大。原来只能在身体两边稍微动一动的手，现在能向身体的前方做比较大的动作，之后渐渐地手都可以伸到身后去了。

这时手就很可能会碰到耳朵。"咦，这是什么东西呀？"对于婴儿来说，耳朵成了新玩具。在昏昏欲睡或是在想玩耍的时候，耳朵成了宝宝不可缺少的东西了。

但是，耳朵附近的皮肤非常柔软，而且，宝宝的手又总是处于潮湿状态，这样有时就容易引起湿疹，因此要随时注意观察耳朵的变化。

如果耳朵的根部等地方被宝宝抓挠出血了，为了放心还是去一趟医院，请大夫看看为好。

抠鼻子

 宝宝总是抠鼻子，看着让人担心，怎么办呢？

我家宝宝经常用食指伸到鼻子里面去抠，我都有点怀疑是不是有鼻炎。在犯困的时候，这种现象更为严重，还会用手去揉鼻子。

 是一种偶然的举动，宝宝把抠鼻子当做好玩的事情了。

到了这个月龄，手的活动范围越来越大，小手原来只能伸到脸的前方，现在可以从耳朵伸到脑后了，而且还能做一些较为细致的动作了。

这时，可以看到婴儿经常会揪耳朵，犯困的时候还会拉扯自己的头发等等。但并不意味着婴儿有意识地要去触摸自己的头发，揪扯自己的耳朵。只不过是手在活动的过程中，非常偶然地发现了头发和耳朵的存在。

您的宝宝估计也是这样，在手的活动过程中，偶然地碰到了鼻子。活动手指的时候，碰巧手指又钻到鼻子里去了。这些对于宝宝来说，和玩耍是一样的。

但是，用手指抠鼻子有时会伤及鼻黏膜，搞不好会流鼻血的。所以，要随时给宝宝剪指甲。

眼睛发育

 为了保护宝宝的视力，应注意哪些方面的问题呢？

宝宝现在的视力看起来相当好，小虫子以及远处的人或小鸟都能够看到。为了保护视力，父母应该做哪些事情呢？

 不要让婴儿看太多的录像和电视节目。

孩子视力的发育，要一直持续到3岁左右。随着月龄的增长，视力会随之慢慢提高。在这个过程中，我想只要稍微注意一下会妨碍视力发育的事情就可以了。

婴儿大都对运动着的东西感兴趣，会一直盯着看。DVD和录像带都是婴儿感兴趣的对象，虽然现在这个阶段婴儿基本上还不会死盯着电视画面看，但是，以后这样的时间会越来越多的。那个时候，就要注意不能让宝宝在光线不好的地方看，也不能持续看太长时间。

另外，眺望远处的习惯对眼睛的发育也很有好处。出去散步的时候，母亲要为宝宝创造更多眺望景色的机会。

体温变化

 一天之内宝宝体温的变化是否太大了呢？

自从宝宝第一次发烧之后，每天我都用电子体温计给宝宝测量体温。我觉得宝宝一天之内体温的变化也未免太大了。早上在36度5左右，中午则接近38度，夜里又回到37度多。是否是因为宝宝体温调节机能还没有发育完善呢？

 体温是有个人差异的，而且跟周围环境也有关系。

婴儿的体温，在一日当中是会变化好几次的。早上起床时和吃完饭之后，体温都会变高。还会受到个人差异以及周围环境的影响。比如说，比较瘦的孩子在穿得比较少的情况下，身体热量的散发就比较快。您的宝宝体温的变化，由于正是在体温调节机能逐渐发育完善的时期，所以，并不是什么异常的现象。

另外，测量体温时，最好用水银体温计。电子体温计有的是以大人的

145

体温为基准制造的，用来测量婴儿体温时多多少少会产生误差。

婴儿鞋子

什么时候可以让宝宝穿哥哥姐姐穿过的鞋子呢？

我家宝宝现在已经可以扶着东西走路了。估计不久不用扶着也能步行了。我听说让宝宝穿哥哥姐姐穿过的鞋子容易在走路时养成坏毛病。那么，从什么时候开始可以让宝宝穿呢？

当婴儿走得非常稳的时候，就可以穿了。

对于刚刚会走路的婴儿来说，是非常不愿意穿鞋的。因为到目前为止，婴儿都是穿着袜子或者光着脚生活的，穿鞋以后肯定会感到不舒服。但别人的鞋子毕竟只是适合别人的脚，所以，一般来说最好不要穿别人的鞋子。

刚开始会走路的时候，先让宝宝光着脚在家中尽情地来回走动，能够体验到地面传到脚心的感觉也是很重要的。

之后，在宝宝走得非常稳的情况下，可以考虑让宝宝穿鞋子了。

学步车

一直使用学步车的话，对宝宝的发育是否不好呢？

宝宝每天都坐在学步车里，满屋子乱跑。但是，一旦把宝宝从学步车上抱下来，就会哭起来。我觉得老是让宝宝坐学步车不太好。有什么能让宝宝站起来的练习方法吗？

让宝宝优先体会到自己活动身体的乐趣。

在稍微早些的时候，由于自己还不能很好地支撑住身体，因此保持站立的姿势，对于婴儿来说是一件比较困难的事情。

但是，到了现在这个月龄，婴儿已经会爬了，而且快到可以站立起来的时候了，通常认为学步车不会对婴儿产生什么不好的影响。

但是，在成长的各个阶段，应该让婴儿经历各个阶段应有的体验。比如说，爬到玩具面前的喜悦，依靠自己的力气站起来等等。很多乐趣是和乘学步车的乐趣不一样的，而且，依靠自己来活动身体可以激发各种各样的欲望。

所以，也该让宝宝从学步车"毕

业"了。如果不依赖学步车，不必练习，会有那么一天宝宝就能自己站起来的。

婴儿车

宝宝特别讨厌坐婴儿车。什么时候才会高兴地乘坐呢？

从好久以前开始，外出的时候，不知为什么宝宝一坐进婴儿车，常常会哭哭啼啼的。放到婴儿背带里面，就立刻会转哭为笑了。什么时候宝宝才肯高高兴兴地坐婴儿车呢？

让宝宝认为乘婴儿车是很开心的事情。

在这个时期，任何一个宝宝都是喜欢被妈妈抱着。母亲的体温和慈爱，这是从任何地方都无法感受到的。

但是，再稍微大一点的话，渐渐萌发出好奇心之后，就会被周围的景色所吸引了。想要看清周围的环境，宝宝会感到被人抱着太拘束了，宝宝就会想：真不如在婴儿车里，身体可以自由地活动，还可以东张西望。

解决问题的关键，是让宝宝感觉到乘婴儿车的乐趣。于是妈妈就可以这样表演给宝宝看了，比如说，把宝宝最喜欢的布玩具——毛茸茸的兔子放在婴儿车上，然后您可以对兔子说："小兔子，靠边一点儿，我们宝宝还要坐呢。好了，宝宝，和小兔子一起坐吧。"营造了这种轻松愉快的气氛之后，宝宝或许就会愿意坐了。

另外，由于宝宝有一个主观印象，即妈妈肯定会抱我的，因此，不愿坐婴儿车。在这种情况下，可以让爸爸或者爷爷奶奶出面，让宝宝坐到婴儿车里。往往只要母亲这时候不露面，宝宝会意外地表现出配合的态度。

吸吮手指头

宝宝吸吮手指头是因为精神紧张吗？

从刚出生开始，我家宝宝就喜欢吸吮左手的大拇指。睡前一定会吸吮，却不肯吸奶嘴，最近也没有用奶瓶了。有人说吸吮手指头是因为精神紧张的缘故，真是这样吗？

是婴儿入睡的一种仪式，与精神紧张无关。

婴儿的嘴唇被触碰的话，就会做吸吮的动作，即吸吮反射。正是由于吸吮反射，刚出生的婴儿也会吃母乳。

147

也许是由于某个契机，手指碰到了嘴唇，从那以后就开始吸吮手指头。睡觉之前必定要吸吮手指头，是因为这样做能有安心感，能让宝宝平静下来。所以是一种宝宝入睡的仪式，无需任何担忧，和精神紧张没有任何关系。

宝宝今后会不断成长，运动机能也越来越完善。慢慢地就会感到和玩具玩耍，比吸吮手指头要有意思得多。

另外，过了2岁之后，基本上婴儿既不会再吸吮手指头，也不会再咬东西了。

洗澡时的烦恼

 用洗发液时，宝宝会大哭起来，有什么好的办法吗？

宝宝以前用洗发液时从来不哭，最近不知为什么又哭又闹。我不得不紧紧地把宝宝抱在怀里，一边唱着宝宝喜欢的歌曲，一边用稀释了的洗发液给宝宝洗。有什么好办法能让宝宝不哭吗？

 让宝宝坐着洗吧。

婴儿之所以会讨厌洗发液，估计是在母亲不知道的情况下，泡沫流进宝宝的眼睛里了，或者是洗淋浴时，宝宝感觉喘不过气来之类的原因吧。还有的婴儿不愿意躺着洗澡，如果您的宝宝坐立得很好的话，也可以让宝宝坐着洗。

在冲洗之前，可以事先用打湿的毛巾擦掉头上的泡沫，冲洗的时间越短越好。而且因为婴儿不愿意让喷头的水直接喷到脸上的，所以可以把干燥的小毛巾折成四折以后，盖在宝宝的脸上。再另外准备好3块小毛巾，这样盖在脸上的小毛巾打湿以后可以替换。

在用喷头冲洗宝宝的头发时，争取让宝宝说："啊——"因为是往外吐气，鼻子和嘴就不容易进水了。

发脾气

 宝宝发起火来，要生好长时间的气，怎么办呢？

我家的宝宝特别活泼好动，但是却经常发火。稍不如意就会拍地板，摔东西。本来想抱起来哄一哄，结果反而招得宝宝大哭大闹，而且好长时间都不肯消气。

让宝宝自己去慢慢地消气吧。

能够表达喜怒哀乐，证明宝宝已经会发泄自己的情绪了。容易发火也正是成长发育的结果。

但是，如何应对宝宝的"火气"却是一个比较麻烦的事情。当婴儿感到寂寞或是感到悲伤的时候，可以把宝宝抱起来安慰一下。但当宝宝发火的时候，抱也好哄也好，都是不太管用的。这一点，要有思想准备。

这时的应对方法，就是要让宝宝发泄出来。在宝宝生气的时候，给宝宝任何东西，或是把宝宝带到外面去，用这种方法来搪塞宝宝都是没用的。只有等待宝宝慢慢地自己控制住情绪，把火气降下来。母亲最多就是跟宝宝说："哇，宝宝又生气啦"，"有什么不满意的事情吗"？然后宝宝愿意做什么就让宝宝去做，婴儿的火气不会太长的。

宝宝平静之后，可以跟宝宝说："宝宝看看外面，花都开了呀"。用转移宝宝注意力的办法，跟宝宝打交道吧。

夜里啼哭

 如果白天遇到和平日不一样的事情，宝宝夜里就会哭闹，怎么办呢？

带宝宝去那些经常去的地方，比如公园、儿童中心之类的地方都没问题，但是，遇到不认识的人，或是去健康诊断的时候，宝宝到了夜里就会哭得很厉害。这种状况会持续到什么时候呢？

 采取适当的措施，让宝宝从高亢的兴奋状态中平静下来。

这个时期婴儿越来越眷恋平时经常照顾自己的人，特别是与母亲之间的关系更加亲密。但另一方面，见到了生人，或是去一个不熟悉的地方，宝宝的神经就会变得高度紧张。

白天婴儿的神经如果处于高亢的兴奋状态，到了晚上依然会受其影响而难以入睡，其结果就发生夜里啼哭的现象，这也是一般婴儿夜间啼哭的原因。所以，在婴儿处于上述状态时，母亲要一边微笑着安慰宝宝，一边把宝宝紧紧地抱在怀中。要解除婴儿精神亢奋的状态，母亲这时候的作用非常重要。婴儿通过经历这些事情，就会慢慢地适应不熟悉的环境和状况。

　　婴儿过了 1 岁的生日，能够稳稳地行走之后，活动量就会大为增加，就会很容易感到疲劳。那时候，夜里宝宝就会睡得无比香甜了，夜间哭闹自然就会没有了。

哄婴儿入睡

 怎样做才能让宝宝不用抱就能入睡呢？

　　夜里睡觉的时候，宝宝一闹就必须要抱 30 分钟左右。午睡的时候倒是很快就能入睡。有没有晚上也能让宝宝安然入睡的方法呢？

 营造睡眠的环境，使宝宝能顺利入睡。

　　午睡和晚上的睡眠在含义上有所不同。午睡是由于体力不支，无法支撑下去而入睡。晚上的睡眠是由于生物钟的作用，要求身体休息，以利于第二天的活动。由于一整天的疲劳，精神会松懈下来并放松全身肌肉，轻轻地合上眼睛，这是自然形态的晚间睡眠。但是，这个时期的婴儿还不能很好地做到这一点，于是，大人帮宝宝营造一个睡眠的环境是很重要的。

　　睡觉之前只让宝宝静静地玩，使其情绪能安定下来。降低房间的照明亮度和关小电视的声音，让房间充满幽静的气氛，一个好的环境能促使宝宝顺利入眠的。

婴儿午睡

 午睡最好睡多长时间呢？

　　我觉得宝宝午睡时间有点短，好不容易睡着了，不一会儿就睁开了眼睛。如何做宝宝才能好好地睡午觉呢？

 婴儿是不会睡懒觉的。

　　活动身体是要消耗体力的，需要适当地休息，所以人才会睡觉的。因为是午睡，婴儿每次睡觉时间长短不可能都一样。

　　这个时期大多是上下午各睡一次，一般多为上午长达 1 个半小时，下午则只有 30 至 40 分钟左右。睡了 30 分钟左右醒来的话，让人有一种时间过短的感觉。其实，婴儿是不会睡懒觉的。晚上要保证充分的睡眠，如果宝宝发育正常身体健康，就不必在意宝宝睡午觉时间的长短了。

月龄再稍微大一点儿的话，婴儿就会活动全身来玩耍，由于要消耗大量的体力，睡午觉的形式又会发生变化的。那时就会常常听到妈妈说："哇，宝宝你可真能睡呀！"

婴儿饭量

 宝宝饭量很小，也不喝奶粉，怎么办呢？

我家宝宝很好动，玩的时候精神十足，所以我认为不可能肚子不会饿。但是饭量却很小，也基本上不喝奶粉。身高体重都偏低，这样下去的话，成长发育不就会越来越慢了吗？

 为婴儿营造"吃饭 = 开心"的环境。

这个时期婴儿的发育在某种程度上已经走上了正轨，看一下显示身高与体重平衡关系的图表就会知道，到了一定的月龄之后，基本上就是一个固定的数值了。婴儿身体在成长发育的时候，重要的是要保持身高与体重这两者的平衡。如果这点做到了，就没有什么问题。因为在这个时期，身高体重就是比较平缓的。

当然，因为现在也是身体活动比较活跃的时期，保持饭量与活动量的平衡，也是这个时期的重要课题。因此，要营造这么一个环境，在这个环境中，宝宝能把吃饭当做非常开心的事情。宝宝边吃边玩也好，搞得脏兮兮的也好，只要宝宝能开心地吃，就不用理会。宝宝吃得很开心的话，饭量自然就会增加的。

另外，现在也是从一日吃两顿饭向一日吃三顿饭转变的时期，养成了这个习惯，也就会解除宝宝不爱吃饭的烦恼。

边吃饭边玩耍

 宝宝饭吃到一半就开始玩起来了，怎么办呢？

自从变成一天吃三顿饭之后，在吃饭时，宝宝就会从椅子上站起来开始玩耍起来，不好好吃饭了。之后肚子饿了只好给零食吃。这可怎么办好呢？

 首先要让婴儿养成一天吃三顿饭的好习惯。

对于婴儿来说，看到的东西，听到的东西，触摸到的东西，全都是玩

151

耍的对象，吃饭也不例外。

另外，或许可以这么说，宝宝开始边吃边玩，说明婴儿的自我意识开始萌发了。于是，这个时期的婴儿会做出下面的举动：会用手把碗里的食物搅得乱七八糟，不想吃的时候就会干脆不吃了，等等。

我认为这个时期不必太在意婴儿能吃多少饭。因为开始学走路以后，活动量就会增加，那时身体就会大量地需求营养，饭量自然就会增加了。所以，与其在乎饭量的多少或依赖零食，不如把重点放在让婴儿养成一天吃三顿饭的好习惯上。现在即使宝宝光知道玩耍不吃饭，也由宝宝去吧。

婴儿挑食

 如果是宝宝不喜欢吃的东西，就会直接咽下去，怎么办？

宝宝既讨厌奶粉，也不喜欢牛奶，搅拌到辅食中也不吃。遇到喜欢吃的东西就不停地吃，讨厌的东西嚼都不嚼直接就吞下去。

 婴儿不喜欢吃的食物暂且不拿出来，在饭菜的调理上再下点儿工夫。

现在辅食更加丰富多彩了，也许宝宝发现了比奶粉更加好吃的东西，对奶粉已经吃厌了。不仅仅是奶粉，如果把婴儿讨厌的食物混进辅食的话，有时会起反效果的。对于自己不爱吃的食物的味道，宝宝是非常敏感的。

因此，可以暂时不再做宝宝不喜欢吃的食物，过一段时间，在饭菜的调理上再下点工夫，在形状或者感觉等各方面改变以后，再试着给宝宝吃吧。

另外，因为婴儿还不到明显挑食的时期，没有必要下结论认定宝宝不爱吃什么食物。要有耐心不断地创造机会，把各种食物摆在桌子上让宝宝品尝。

婴儿刷牙

 给宝宝刷牙时可以用牙膏吗？

宝宝上下各长出 4 颗牙齿了，因此，我想正式开始给宝宝刷牙了。至

今为止，我都是用纱布给宝宝擦牙齿的，今后开始刷牙，是否应该用婴儿牙膏呢？

 可以在牙刷上挤一点点牙膏，要注意，刷牙时一定要让宝宝开心地刷。

由于乳牙容易变为虫牙，希望婴儿能尽早习惯用牙刷刷牙，养成爱护牙齿的好习惯。

一般认为含氟的牙膏比较好，所以让宝宝用含氟的牙膏吧。牙刷也要用婴儿专用牙刷。因为牙刷碰到牙齿，脏东西就会掉下来，所以没有必要用那么大的劲儿给宝宝刷。在牙刷上挤一点点牙膏就足够了，大小相当于火柴棍的头部。牙刷打湿以后，牙膏的味道就会一下子在口腔中扩散，所以最好不要打湿牙刷。

虽然如此，牙刷伸进宝宝嘴里，宝宝一般都会不愿意的。所以，刷牙的时候母亲要笑呵呵地、开心地给宝宝刷牙。另外，还可以平时让宝宝经常看到父母刷牙时的样子。

和其他小朋友一起玩

 现在就让宝宝和别的小朋友一起玩，是否还是太早了呢？

带宝宝去儿童馆的时候，看得出宝宝非常开心，但还不会和别的小朋友一起玩。带宝宝去那样的地方是否还是太早了呢？

 先让宝宝在户外积累经验。

如果宝宝显得非常开心的话，说明可以带宝宝去儿童馆了。现在宝宝的兴趣完全放在玩具身上了，当然就不会和别的小朋友一起玩耍了。在宝宝对别的小朋友表现出兴趣之后，会一起玩耍的。

现在父母要暂时打消"希望宝宝能和别的小朋友一起玩"的念头，让宝宝先在户外的环境中，大量地积累经验吧。

11 个 月

可以用手指指认物体了

婴儿会用手指着周围的物体进行指认。正在收集语言的词汇。

会经常用手指指认物体，父母应该用语言来回答

指认东西是婴儿对东西的存在表示关心的信号。当婴儿用手指着某个东西的时候，一定要告诉孩子，妈妈知道了宝宝的意思。比如说宝宝指着一条狗的时候，妈妈就应该对宝宝说："那是一条小狗啊。"这种母子互动非常重要，婴儿在感受到妈妈理解了自己的行为的同时，也在宝宝的心里埋下了语言的种子。

对画册、电视等显示出感兴趣的样子

这时也出现了对画册、电视等显示出兴趣的婴儿。虽然有的画册上写明适合婴儿阅读，其实宝宝最初只是看到画以后感到兴奋而已。这种画册即使母子二人一起翻看，也是非常愉快的事情。

另一方面，也许有的父母对宝宝看电视，看 DVD 感到头疼了。确实从小时候开始就不能长时间地看电视，给宝宝事先规定好可以看的节目以及时间的长短，养成一种好的习惯。

让宝宝和大人开心地在同一个时间吃饭

这时的婴儿在生活上已经形成了一定的规律，如果一天三顿饭的节奏也保持得很好的话，就可以考虑调整婴儿的吃饭时间，争取能和大人在吃饭时间上保持一致。宝宝在和家里人一起吃饭的时候，可以同时看到别人吃得很香的样子，这样能促进婴儿对吃饭的兴趣和愿望。

饭量也开始出现个人差异了。既有吃得很多的婴儿，也有吃得较少的

婴儿。这和大人是一样的，绝对不能强迫宝宝吃饭。

宝宝发火可以理解为情绪的发泄

"喜欢"还是"讨厌"，宝宝已经可以明确地表达自己的感受了。而且，在自己的要求没有得到满足的时候，还会发起火来大哭大闹。也许父母这时候会感到无可奈何，其实这表明宝宝的精神世界在逐步地成长发育，所以，这时要对宝宝做出适当的反应才行。您可以对宝宝说："宝宝讨厌这个，是吧。"用语言进行沟通是非常重要的事情。另外，这个时期的婴儿在发火的时候，父母可以用别的事情来转移孩子的注意力，往往比较容易解决。

11 个月宝宝的育儿问答

蹒跚学步

Q **牵着宝宝的手走路，对股关节有影响吗？**

目前宝宝虽然还做不到自己一个人站着走路，但是特别喜欢扶着父母的后背站立，或者拉着大人的手走路。我听说在婴儿还不能一个人步行的时候，让宝宝练习走路，对股关节的发育不利，还会长成罗圈腿。真的吗？

A **应该重视婴儿想学步的愿望。**

在婴儿自己一个人能走路之前，扶着某样东西，或者拉着爸爸妈妈的手蹒跚学步，这是极其自然的事情。

155

如果是宝宝自己想这样做的话，父母就一定要助宝宝一臂之力。

婴儿会本能地避免做一些有害于身体成长发育的事情，所以，如果宝宝有想扶着东西学走路的意愿，说明宝宝的身体已经发育到可以一个人步行的程度了。这个时期可以认为股关节已经发育完善了，也不存在以后长成罗圈腿的问题。

您的宝宝一定是特别想向前迈出自己的脚步，请一定要珍惜宝宝这样的好奇心。

抓挠

 宝宝有抓挠的坏毛病，有时能挠出血来，怎么办呢？

宝宝在哼唧哭闹的时候，就会不停地抓挠，从头抓到耳朵一直到下颚。最初我以为是由于皮肤干燥发痒，所以采取了保湿的措施，但是不管用。严重的时候会挠出血来，有什么好方法阻止吗？

 如果到了挠出血的程度，应该去儿科就诊。

从头部到脸部是皮脂分泌旺盛的地方，换句话说，也是容易出湿疹的地方。因为我没有看到您宝宝皮肤的实际情况，无法做出适当的判断。在我能够回答的范围内，我认为婴儿不可能由于有抓挠的坏毛病，把自己抓伤，甚至抓出血来。

婴儿因为困乏，或者身体不舒服时，孩子会哼唧哭闹，从而引起体温上升。湿疹在此状态下，会变得更加瘙痒。您首先要检查一下宝宝指甲的长短，保湿的措施充不充分。

在上述因素被排除之后，如果宝宝依然不停地抓挠，造成皮肤被抓破的话，就应该去儿科就诊了。请大夫看看皮肤的状态，才能够采取恰当的治疗措施，同时减轻宝宝的痛苦。

到了现在这个月龄，困扰婴儿的各种麻烦事情越来越少了。但是如果有什么事情的话，还是应该请专门的大夫帮忙。

舌系带

 宝宝舌系带比较短，对说话有影响吗？

宝宝曾经被说过舌系带比较短，但后来又说正常了。对发音会不会有影响呢？如果剪舌系带的话，什么时候可以接受手术呢？

舌系带没有必要剪，注意观察今后的发育状况。

舌系带会随着婴儿的成长发育逐渐变长的，如果医生已经说正常了，就不必担心了。

您询问什么时候可以接受手术，一般来说没有必要剪切。而且，日本小儿科学会已经统一了意见，发表过"没有必要剪切"的声明。

您还担心今后是否会对宝宝发音有不好的影响。到目前为止，还没有会影响说话发音的证据。请您注意观察宝宝今后的发育状况吧。

肚脐突出

宝宝肚脐突出，今后会收进去吗？

宝宝从出生后 10 个月开始，肚脐开始鼓出来了，今后会收回去吗？

婴儿长出腹肌之后，就会自然缩回去的。

婴儿在母亲体内的时候，就是依赖脐带来维持生命的。为宝宝传送营养的脐带，在出生后就会被剪断，最后只留下"肚脐"。在婴儿的成长发育过程中，肚脐会给人带来各种各样的麻烦，肚脐突出就是其中之一。

肚脐是脐带穿过腹壁的部位，它非常的纤细柔嫩。婴儿在哭闹的时候，腹部压力增大，腹肌尚未发育完全的肚脐部分就会被顶出来。由于存在着个体差异，肚脐突出的样子也就各不相同。突出得很厉害之后又缩回去，多次反复之后，这个部位的皮肤就会变得松弛。越是大声而且经常哭闹的婴儿，肚脐突出就越厉害。

随着腹肌的发育，肚脐就会逐渐地往里面缩进去，所以，担心只是一时的事情。

但是，您的宝宝如果是从出生后 10 个月开始肚脐突出的话，为保险起见，在健康诊断的时候，最好向大夫咨询一下。

宝宝指甲

宝宝指甲断裂的原因，是不是营养上有问题呢？

我家的宝宝非常活泼，食欲也不错，是一个从不挑食的乖宝宝。但是最近身高体重都没有太大的变化，而且指甲分层开裂，是营养上有问题了吗？

婴儿指甲薄是分层开裂的原因，不必担心宝宝营养不足。

这个时期的婴儿既能到处爬，又能扶着东西站立起来，还有的开始学走路了。与以前光是会坐立的时候相比，运动量大得多了。您之所以会觉得"宝宝最近身高体重都没有太大的变化"，就是因为受到了婴儿改变运动方式的影响。

现在即使体重只有少许的增加，只要宝宝精神饱满又有食欲，就根本不需要担心了。

另外，这个时期的婴儿指甲还比较薄，导致出现指甲分层开裂的现象，这是这个时期的婴儿经常能看到的事情。

由于您的宝宝从不挑食，又很能吃饭，所以不会出现营养不足的问题，不必担心。婴儿成长的大致基准可以参考 Kaup 指数。Kaup 指数是用体重（公斤）除以身高（厘米）的 2 次方之后，再乘 10 的 4 次方得出的数值，这个数值在 16 至 18 之间就是平均值。

在健康诊断的时候也可以请大夫把 Kaup 指数计算出来。在宝宝 1 岁健康诊断的时候，向大夫咨询一下吧。

婴儿贫血

 为了增加宝宝的铁摄取量，是否应该灵活运用奶粉呢？

在宝宝出生后 3 个月的时候，被诊断为贫血，服用了整整 5 个月的补铁糖浆，之后我特别注意让宝宝从食品中补铁。另外，是否应该让宝宝喝 9 个月以后的婴儿专用奶粉，以提高铁的摄取量呢？如果宝宝身体健康的话，是否就不用进行血液检查了呢？

 让婴儿吃营养均衡的食物。

在成长发育速度很快的时期，铁的供应速度赶不上身体对铁的需求，因此可以看到宝宝有贫血的倾向。

特别是在食物转换时期，婴儿容易出现贫血的现象，但是如果在考虑营养均衡的基础上，经常做一些比如说肝泥、羊栖菜米饭之类的辅食给宝宝吃，我认为没有必要刻意补铁。

另外，人在贫血的时候，黏膜看起来会发白的。因此如果宝宝嘴唇以及眼皮的内侧（结膜）部分红颜色消失的话，就需要去接受检查了。

婴儿大便

 宝宝大便时软时硬的原因是什么呢？

宝宝1天排3至4次大便。一日当中有软有硬，总的来说有点拉稀的感觉，挺担心的。最近，有时也不好好吃饭，大便的这种状况是否和食物以及饭量都有关系呢？

 如果持续腹泻的话，要去医院就诊。

大便的状况会随着饭量、具体的饭菜以及身体情况的变化而变化。听您说您的宝宝有时不好好吃饭，那也是会有影响的。

您的宝宝1天排3至4次大便，那么是否每次吃饭都排便呢？如果一直这样持续的话，属于正常范围，是没有问题的。

但是，如果一直持续类似拉稀的状态，也许是有原因的，为慎重起见，最好去儿科接受诊断。

另外，因为这个时期婴儿喜欢用嘴来舔食，以确认是什么东西，所以有必要把危险物品尽量放到宝宝拿不到的地方。虽然婴儿不会因为舔食一下脏东西就马上会得病，但与其提心吊胆，不如事先采取预防措施。

婴儿腹泻

 宝宝经常拉肚子，是否应该去医院就诊呢？

宝宝出生后没有得过感冒，但是却经常拉肚子。我考虑如果连续2天腹泻，就会带宝宝去医院，一般第2天或第3天就好了。宝宝精神状态没有问题，但是否还是去医院请大夫看一下好呢？

 返回前一阶段的辅食，注意补充水分。

在这个月龄，婴儿的大便经常会时软时硬的，但是，腹泻的时候，一定要让宝宝的肚子休息一段时间。

婴儿腹泻时首先要仔细观察下面几项，根据观察的结果再决定如何处理。比如：是怎样的大便呢？次数有几次呢？是饭后腹泻还是即使不吃饭也腹泻等等。饭菜以容易消化的食物为主，辅食返回前一阶段的食品。如果大便依然很软的话，就有必要返回更早阶段的辅食了。

而且，此时最重要的是补充水分。现在这个月龄，可以把少量的乳酸菌

159

饮料加进冲得比较稀的奶粉里给婴儿喝。这是因为腹泻是由于大肠内的环境被破坏了的缘故，用乳酸菌则可以恢复大肠原来的状态。

另外，也不要忘记市场上的乳酸菌饮料含有比较多的糖分，适量食用。

婴儿发火

 别人不能理解自己的想法时，宝宝就会发火，什么原因呢？

最近，在自己的想法不能被别人理解的时候，宝宝就会发起火来。我拼命地猜测宝宝的想法到底是什么，但是宝宝依然显得烦躁不安。是不是上幼儿园造成的呢？

 要表现出与宝宝共鸣的姿态，并想办法转移其注意力。

1岁左右的婴儿，心里尽管有某种想法，比如"我感觉是这样"、"我想这样做"等等，却不能用语言或行动表达出来，在难以忍耐的情况下，就会显得焦躁不安或者会感到精神压抑。

父母这时候要表现出充分理解宝宝的态度。跟孩子说："是挺讨厌的"、"宝宝发火了，是吧。"然后，想办法转移宝宝的注意力，吸引孩子一起玩游戏。比如可以说："看看画册好不好呀"、"一起来搭积木吧"等等。

另外，上幼儿园这个事情对婴儿的情绪也有一定的影响。环境变了，还要和没有见过的人接触，宝宝肯定会感到茫然失措的。克服了这些困难，在孩子的眼里世界就会更加宽阔。所以就当做宝宝人生途中的一个磨炼吧。

交给老人带

 我将重新开始工作，应注意哪些问题呢？

马上我就将重新开始工作了，准备让老人帮忙带孩子。因为是双职工，今后应该怎样与孩子交流，在生活中应该注意哪些问题呢？

 今后忙里偷闲陪着宝宝吧。

宝宝能和爷爷奶奶在一起接触交流是非常难得的机会，能够接触到更多的人，得到更多的关爱，对于婴儿来说是非常好的事情。

今后，母亲与宝宝的交流只能是在下班以后了。但是您那时还要做很多事情，比如准备晚饭、洗澡、睡觉前的准备……这么多事情您会忙得团团转的，不可能再挤出时间来陪宝宝玩耍。

因此，您就要考虑怎么才能一边做事情一边和宝宝愉快地交流。您可以在准备晚饭的同时，跟宝宝说几句话。"妈妈马上就能做好饭了，宝宝多吃一点儿啊。"去拉窗帘的时候，顺手摸摸孩子的脸颊……总而言之，和宝宝在一起的时候，"开心愉快"是关键词。

幼儿园

 宝宝要上幼儿园了，我担心和宝宝感情的交流不够。

准备让宝宝上幼儿园，那么和宝宝在一起的时间就会少多了。我有点担心母子感情交流不足。有哪些方面要加以注意呢？

 连接母子之间的感情纽带早已形成了。要注意调整好新的生活规律。

您那样在乎母子之间的感情交流，不正说明您以前就非常重视，而且现在也一直在和宝宝进行充分的感情交流吗？在宝宝上幼儿园期间，连接宝宝和您之间的感情纽带早已形成了。宝宝已经在心里非常地爱着自己

的妈妈，而且也实实在在地感觉到了妈妈对自己的爱。存在着这种纽带，即使在一起的时间变短了，也不会丝毫影响母子感情。

另外，婴儿到了1岁左右的时候，在心灵的发育方面也需要接触母亲以外的人。所以，在幼儿园能接触到很多的小朋友和老师们，对于婴儿萌发自我意识是非常重要的。从这个意义上来说，现在上幼儿园是一个非常恰当的时机。

但是，上幼儿园以后，就要改变目前的生活习惯。起床时间以及吃饭时间等都要做一些调整了，要与幼儿园的作息时间一致。为了以后宝宝能在幼儿园健康地成长，尽情地玩耍，现在就要注意逐渐调整作息时间，维护宝宝的身体健康。

睡眠的烦恼

 有没有让宝宝能睡一整宿觉的好方法呢？

宝宝夜里要醒3至4次，吃2至3分钟奶又马上睡觉。有没有让宝宝能睡一整宿觉的好方法呢？我经常带宝宝出去散步，宝宝饭量也不错。

161

到宝宝会走路的时候就不会这样了，再辛苦一段时间吧。

睡眠的深浅不是一成不变的，而是时深时浅地循环，带有周期性的。一般认为大人的睡眠周期大约是90分钟，婴儿的睡眠周期大约是40至50分钟左右。婴儿大都是在浅睡眠阶段醒过来，虽然会哼唧一会儿，吸吮着手指然后又会再次进入梦乡的。

您所说的情况，相当于宝宝用吸吮母乳的方式代替了吸吮手指。由于不是为了吸收营养而吃奶的，如果您觉得是个负担，索性夜里就不要给宝宝吃奶了，也不会有什么问题的。

但是，如果您不感到是个负担的话，就这样持续下去也是可以的。因为等宝宝会走路以后，活动量就会大增，即使在浅睡眠阶段也不会醒过来，而是紧接着又进入深睡眠阶段了。

体型大小

 宝宝肚子鼓鼓的，是否太胖了呢？

在出生后10个月健康诊断时，体重已经超过了10公斤。很能吃，也爱动。但最近发现他的肚子鼓鼓的，裤子都快提不上去了。

 婴儿的肚子都是鼓鼓的。

肚子鼓鼓的体型是所有婴儿共同的体型特征。由于还处于腹肌发育尚不完善的时期，吃饱饭以后肚子就会马上鼓起来的。世界上没有哪个宝宝肚子收得紧紧的。

以后随着腹肌的不断发育，肚子自然就会慢慢地收回去的，现在没有必要担心。

至于孩子肥胖症的问题，那是很久以后才会发生的事情。现在只要宝宝食欲好，又爱活动，就没有问题。

自己吃饭

 宝宝既不愿用手也不愿用勺子吃饭，怎么办呢？

现在我是用勺子一口一口地喂宝宝吃饭，宝宝只是张开口等着。给零食吃的时候，也从不伸手自己拿，也是把嘴张开等着我喂。是不是应该教宝宝用勺子或用手吃饭了呢？

 让宝宝按照自己喜欢的方式吃，以宽容的态度对待孩子。

婴儿吃饭的时候，会用手直接抓

着吃，或是舔舔勺子，敲敲桌子，这样才会慢慢地学会怎样吃饭。由于至今为止您都是用勺子一口一口地喂宝宝吃，所以孩子还没有上述的体验，也许宝宝认为饭菜就应该是由别人用勺子来喂自己吃。

如果桌子上摆好了饭菜，宝宝依然没有自己动手吃的迹象，可以尝试着告诉宝宝："饭已经好了，自己用手吃吧"、"拿勺子吃吧"等等，然后再观察一会儿宝宝的反应。即使把饭菜弄撒了，或是把桌子或衣服搞脏了，大人也要以宽容的态度对待孩子，要让宝宝有自己动手吃饭的愿望。在经历了多次"打翻饭菜"、"搞脏桌子"之后，宝宝自己才会逐渐地越来越会吃。

自己吃饭

 宝宝吃饭时显得笨手笨脚，饭量也没有增加。怎么回事?

宝宝吃饭的时候，特别愿意自己动手吃，讨厌别人喂。有时想用勺子吃，但是挑战了5、6次也没有成功，最后不耐烦了干脆用手抓着吃了。但是即使用手抓着吃，也显得笨手笨脚，饭量也没有增加。今后如何协助宝宝吃饭呢?

 尽量少参与，让婴儿自己积攒经验。

您说的正是这个时期婴儿吃饭时典型的样子，宝宝们自我意识开始萌发，渐渐产生了自己动手吃饭的意愿，而且对勺子充满了好奇。但是，由于还不太会用勺子，最后还是用手抓着往嘴里塞。在我看来，您的宝宝成长发育得非常好，就这样不要去干扰宝宝，在一边注视着孩子的行动，这就是最好的应对办法了。

重要的是妈妈的帮忙要有节制。饭菜则可以准备一些能用勺子吃的炖菜和容易用手抓着吃的饭团子以及其他饭菜。

勺子的使用要练习多次。积累了一定的经验以后才会变得熟练的，所以，作为母亲所能做的事情，就是不要妨碍宝宝吃饭，另外，再想办法做一些用勺子容易吃的饭菜就足够了。

163

吃饭规矩

 宝宝不肯好好地坐着吃饭，是否应该强迫孩子改正呢？

让宝宝坐着吃，就会发火不肯吃饭。站着或是满屋子活动着的话，就肯好好地吃饭。这要是成了习惯就让人头疼了，所以，是否应该采取强迫手段，让宝宝好好地坐着吃饭呢？

 应该优先培养婴儿吃饭的积极性。

恐怕您家的宝宝是一个非常活泼的孩子吧。这个时期的婴儿很难安静地坐下来吃饭的。如果您强迫宝宝坐到桌前的话，反而会招致宝宝的强烈反抗而大闹一顿的。

在吃饭的时候，最重要的是要培养婴儿吃饭的积极性。如果您非要让孩子规规矩矩地吃饭的话，吃饭的意愿就很可能消失得无影无踪。再过2至3个月，宝宝就可以精力集中地吃饭了，现在吃饭时的状态不会变成宝宝的坏毛病的。所以，这段时间暂时就让宝宝"自由奔放"吧。

另外，如果爸爸妈妈总是静静地吃饭的话，宝宝就会渐渐地习惯于这种安静的气氛。总之，不要被宝宝吃饭的方式所困扰，把吃饭当做一件舒适而又悠闲的事情。

喂奶的烦恼

 我怀疑宝宝奶粉喝得太多了，是否应该改为喝牛奶呢？

9个月婴儿专用的奶粉，我家宝宝1天要喝3次。上午和下午以及晚上睡觉之前，都要喝1次，这已经成为习惯了。这样做可以吗？

 让宝宝用杯子喝的话，喝的量就会减少很多。

在这个时期，出生9个月以后婴儿专用的奶粉，1天喝的标准是300至400毫升。如果超过这个数值的话，也许有必要想想办法了。

如果宝宝一直是用奶瓶的话，那么白天喝奶粉的时候，就可以试一试让宝宝用杯子喝喝看。尽管婴儿用奶瓶可以大口地喝很多，但由于用杯子喝起来不方便，喝的量就肯定会减少。用杯子喝奶粉的话，基本上能喝半杯到一杯左右。

入睡之前给宝宝喝奶粉，与其说是因为肚子饿了，不如说是一种入睡方式，那么就可以考虑一下用其他的

164

入睡方式来代替。可以尝试各种方法，比如给宝宝哼哼摇篮曲、读读绘画书，或者抚摸宝宝交流一下感情等等，请母子二人一起寻找能代替奶粉的入睡方式吧。

饭量

 宝宝想吃多少就给多少吗？零食也同样吗？

我家宝宝特别喜欢吃饭，吃得可多了，不让吃那么多的话，宝宝就会哭。是否是因为没有咀嚼就咽下去，自己感觉不到已经吃饱了呢？另外，零食是否每天都给宝宝吃呢？

 要养成1天吃3顿饭的习惯。

婴儿的饭量和活动量是有关系的。大量运动之后，肚子就会感到饥饿的，于是宝宝就会想"我还要吃"。

宝宝当然也会有吃饱的感觉的，大人认可的适量与婴儿自己能吃的饭量有时是不一样的。吃饭的一个基本原则是一天要吃三餐，让宝宝养成这个习惯是非常重要的。

三餐的饭菜首先要做到丰富和充实。要注意如果零食给得过多的话，正常的饭自然就吃不下了。零食适当地给一点，让宝宝感到高兴就可以了。

饭量

 在喂完饭以后，宝宝总是大哭一阵，难道是没有吃饱吗？

宝宝在吃完辅食或奶粉之后，总要大哭一阵。但我认为孩子不像没有吃饱，难道要一直让宝宝吃下去，直到不哭为止吗？

 再多喂一点儿试试看，另外，要在饭菜上多下些工夫。

饭量是有个人差异的，看来您的宝宝是个很能吃、食欲旺盛的孩子。

如果健康状况良好，精神状态以及大便等各方面都没有问题，我认为可以适当给宝宝多喂一些辅食。所谓标准饭量并非适应所有的孩子，具体到每个婴儿就会有的要少一点儿，有的要多一点儿。此时要注意的是，即使给宝宝多吃，往往多喂一两勺，宝宝就会吃饱了。

另外，还可以想办法增加饭菜的种类，如果能在桌子上多摆几碗饭菜，或是放慢喂饭的速度，与宝宝聊聊天，都可以让宝宝在精神上得到满足。

您可以一边喂宝宝吃饭，一边对宝宝说一些"宝宝你看，这是胡萝卜，很好吃的呀"之类的话，愉快的对话，能够直接促使宝宝吃得更加满意。

用手抓着吃

 宝宝总是用手抓着饭菜往嘴里塞，怎么办呢？

我家宝宝用手抓着吃饭。因为食欲旺盛，嘴里的食物还没有咽下去呢，却一把接一把往嘴里塞，把嘴里塞得满满的，连喉咙都快给堵住了。所以，现在我在碗里只放少许饭菜，等宝宝抓完以后再添。今后还是让孩子这么抓着吃吗？

 这是因为宝宝正在学习吃饭呢，也可以准备一些适合用勺子吃的食物。

之所以婴儿会把嘴里塞得满满的，是因为宝宝还不知道一口饭应该是多大的量。吃饭时孩子也会琢磨："哇！原来这么大的量是咽不下去的呀"，"这次的量正合适"。宝宝只有通过这种体验之后，才能慢慢地变得越来越会吃。用手抓着吃饭是婴儿学习吃饭的一个必不可少的过程，所以就让您的宝宝尽情地抓着吃吧。周围铺上一块布之类的东西，就比较容易收拾了。

另外，不仅要做一些容易用手抓着吃的食物，还要再添加一些像炖菜那样的，用勺子比较容易吃的食物。既让宝宝能用手抓着吃，以保持吃饭的欲望，同时，又能让宝宝逐渐地感觉到用勺子吃有时候更加方便。

如果把炖菜之类的饭菜摆在宝宝面前，孩子不知如何下手的话，母亲可以做个示范，"宝宝你看，这样用勺子吃就很方便了"。宝宝就会跟着您学了。

保护婴儿牙齿

 宝宝不愿意饭后刷牙，怎么办呢？

宝宝正处于开始长牙的时期，牙齿长得很快，却不太愿意喝茶水和凉开水。因为宝宝不愿意饭后刷牙，我担心今后会不会长虫牙，所以打算给宝宝的牙齿涂抹氟化物。在保护牙齿方面应该注意哪些方面的问题呢？

 与其逼迫宝宝饭后刷牙，不如在生活中多加注意。

母亲如果按照育儿书说的那样生搬硬套地去做的话，宝宝自然会讨厌的。刷牙要在宝宝不讨厌的前提下，在能够做到的范围内去刷就可以了。婴儿当中有牙龈非常敏感的孩子，强迫婴儿刷牙的话，将来会使孩子真正厌恶刷牙了。

可以让宝宝嘴里含着婴儿用的牙刷玩，这也是一种刷牙的练习。您说您的宝宝不爱喝茶和凉开水，您可以在估计宝宝嗓子快要渴了的时候，反复喂孩子肯定会喝的。

虫牙在生活中也可以预防。零食要在固定的时间吃，甜食以及容易粘牙的食物，尽可能不要给宝宝吃。要从力所能及的事情开始预防虫牙。

月龄再稍微大一点儿的话，婴儿就会进入模仿的时期了。那时婴儿什么事情都会模仿，到了那个时期，大人就可以在宝宝的面前"表演"刷牙的动作了。

哺乳的烦恼和牙齿保护

 夜间哺乳与虫牙的预防，如何处理好两者的关系呢？

宝宝犯困的话，就会哭着要奶吃。

所以，在哄宝宝睡觉的时候，或者半夜里哼哼唧唧的时候，我总是让宝宝含着乳头睡觉。这样做是否容易得虫牙呢？但我想在宝宝断奶之前一直这样持续下去。

 在可能的范围内，用纱布擦拭宝宝的牙齿。

如果婴儿想吃奶的话，还是让宝宝尽情地吃吧。之所以宝宝老是想吃奶，也许是因为您经常给孩子吃，孩子养成这种习惯了吧。在营养方面，应该到了不再依赖母乳而转为辅食的时候了。而且夜间哺乳也越来越具有"入眠仪式"的含义了。

对于婴儿来说，母亲的乳房是最可亲可爱的，而且是最值得信赖的了。但是，迟早要有断奶的那一天的，但何时断奶，又无法让婴儿来决定。如果您还想继续哺乳的话，可以在宝宝入睡以后，悄悄地在可能的范围内用纱布给宝宝擦擦牙齿就可以了。

另外，如果想要断奶的话，您就要帮宝宝找到夜里可以代替母乳的东西。

为了跨过断奶这一难关，需要母子共同努力。

167

1周岁

开始蹒跚学步了

盼望已久的1岁生日终于来到了，宝宝和爸爸妈妈一起度过1岁生日。

体重约为出生时的3倍

出生后经过1年的时间，婴儿的身高可以达到出生时的1倍半，体重则为3倍左右。身体开始有了肌肉，整体看来变得苗条一些了，已经不是胖嘟嘟的婴儿体型了。

今后，身高体重都将以更加缓慢而又平稳的速度增长。

婴儿之间体格的差异，可以理解为他们的个性。不必太介意个头的大小，只需注意宝宝是否在健康茁壮地成长就可以了。

开始蹒跚学步的婴儿越来越多了

在1岁以前，大约有一半左右的婴儿开始摇摇晃晃地学走路了。但是，既有出生后10个月至11个月就开始学走路的婴儿，也有过了1岁半之后才跨出第一步的婴儿。个人差异是非常大的，婴儿的发育并不是"谁发育快，谁就优秀"。无论哪个婴儿，都会按照自己的方式，一步一个台阶地成长起来的。父母们只需为宝宝的成长鼓掌加油！

有的婴儿会说个别词汇了，"妈妈""汪，汪"

这个时期，有些婴儿会说"爸爸"、"妈妈"、"汪，汪"等个别词汇了，今后，宝宝将从身边的东西开始一点儿一点儿地学说话了。

当然，和身体发育一样，婴儿会说的词汇以及词汇的种类，其个人差异都是非常大的。这时候的婴儿即使嘴上还不会说，但也能够听懂并理解大人的很多语言。当母亲跟宝宝说："帮妈妈把那个东西拿过来好吗？"

宝宝就会帮你拿过来的。

　之后，就要耐心地等待着宝宝开口说话了。

● 以辅食为主，零食是补充

　渐渐地也快到辅食结束的时候了。如果一日三餐的辅食吃得很好的话，母乳就可以逐渐减少了。

　每顿饭之间，宝宝如果肚子饿了的话，可以给宝宝吃零食，以补充吃辅食不足的部分。根据辅食的内容和饭量，适当地准备一些水果、乳制品之类的食物。

妈妈…

1周岁宝宝的育儿问答

站立

 宝宝还不会站立和走路呢。怎么办呢？

　我家的宝宝已经过了1岁了，别说走路了，连站都不会站。是不是发育太迟了呢？

 婴儿发育的个人差异很大，静静地关注着宝宝的成长吧。

　既有出生后10个月就开始走路的孩子，也有的孩子到了1岁半都不会走路。到了1岁还不会站起来的宝宝绝对不少，所以，请您首先要知道宝宝的成长发育个人差异是极其大的，而且，应该不急不躁地关注着宝宝的成长。

您的宝宝能够扶着什么东西站立吗？能站的话，说明身体已经做好了做下一个动作的准备了。但是，从这时开始，宝宝所做的动作，是孩子从来没有做过的，即双手要离开物体，身体在保持平衡的同时，跨出自己的第一步。您的宝宝或许是还没有遇到引导他迈出脚步的契机，也或许是一个比较谨慎的宝宝。

体重增加和站立

 宝宝总是边玩边吃，体重也不增加。怎么办呢？

宝宝总是边玩边吃（只用手抓着吃），食欲时好时坏。体重这几个月几乎没有增加。身高倒是增加呢。

 身高在发育就没有什么问题。

体重增长得即使比较缓慢，如果身高在慢慢地长的话，就没有问题。现在宝宝的身体不是横着长了，而是在竖着长。但早晚也会向横着的方向发育的，没有什么好担心的。

用手抓着吃是这个时期婴儿的普遍现象，而且宝宝觉得把食物乱搅一气非常有意思，孩子会在吃饭的时候，时刻想着玩耍。

随着月龄的增加，婴儿的运动量会越来越大，食欲也就会变得旺盛起来。现在这样的状态不会持续太长时间的，请放心吧。

虽说如此，作为母亲来说，肯定对宝宝的边玩边吃，食欲时好时坏放心不下。您可以再让宝宝吃前一阶段的辅食，因为这个时期宝宝还不太会咀嚼，因此更加习惯吃容易吞咽的软乎乎的食品。

这个时期，还有一个重要的事情，就是不能养成挑食的习惯。仔细观察婴儿吃饭时的情形，做菜时多下些工夫让宝宝什么都爱吃。

结膜炎

 最近宝宝得了结膜炎，请问结膜炎会传染吗？

最近宝宝得结膜炎了，虽不严重，但应该注意哪些问题呢？是否暂时不让接触别的孩子呢？

 也有不会传染的结膜炎。

这个时期，婴儿容易得的结膜炎

170

有两种。一种是由于病毒或细菌感染而引起的，另一种是受到物理性的刺激而产生的。

您说您的宝宝结膜炎不严重，恐怕是属于后者吧。

应该注意的问题是，如果是感染性结膜炎，就有可能传染给别人，直到痊愈尽量避免与别的婴儿接触。要经常给宝宝洗手，宝宝用的毛巾要和家里人分开。

由于揉搓眼睛等物理性的刺激而感染的结膜炎，是不会传染的。但是，宝宝肯定是由于某种原因，使得眼睛发痒才会不停地揉搓眼睛的。如果一直持续揉搓眼睛的话，就应该带宝宝去眼科就诊了。

预防感冒

 预防感冒应注意哪些事情呢？

宝宝感冒好长一段时间了。本来刚觉得好一点，又开始咳嗽和流鼻涕了。从外面回来马上就给宝宝洗手，也非常注意房间的换气以及空气加湿。还有什么应该加以注意呢？

 要做到完全预防是不可能的，患病后要采取适当的措施。

这个时期的婴儿是经常感冒发烧的。最基本的要做到：从外面回来之后要洗手漱口，适当地调节房间的温度和湿度，使之不能过于干燥，父母还要注意不要从外面把感冒带回家等等。

但是，对于疾病也不必过于恐慌。您可以转换一下思维方式，即婴儿在得病的同时，也可以锻炼孩子的身体。

另外，不管怎么预防，也不可能把疾病完全挡在门外。因此，可以采取适当的措施把疾病控制在最小限度以及早点去儿科就诊等，把重点放在患病后努力恢复健康上。

预防接种

 是否应该接种流行性腮腺炎，水痘的疫苗呢？

我家宝宝开始上幼儿园了，需要接种流行性腮腺炎，水痘的疫苗吗？

 首先要对疾病有一定的了解，再由父母商量决定。

腮腺炎是唾液腺之一的腮腺肿痛发烧的一种传染性疾病。一般要肿1

周到 10 天左右，患病的时候不需要特别治疗，大夫会给病人开一些缓和疼痛和退烧的药，之后只需在家休养即可。

水痘是全身出现瘙痒性水泡的一种传染性疾病。要经过发疹→水疱→疮疖这一过程，其特征是随着发疹增多体温也跟着升高。完全治愈至少需要一周时间，水痘可以服用抗病毒药阿昔洛韦，在水痘的早期阶段服用的话，可以使发疹较少，治愈也会较快。

接种疫苗的话，即使不能百分之百预防疾病，也可以减轻病症。

至于是否接种疫苗，我认为应该在对这些疾病知识有一定的了解，并结合家人状况的基础上，再做判断为好。例如："我们家是双职工""我们想把预防接种限制在最低限度"……要考虑各种情况，从关怀婴儿的角度出发，父母认真商量以后再做决定。

预防接种

 是否应该接种流行性感冒的疫苗呢？

宝宝出生后第一次遇到流行性感冒的季节，我正在犹豫是否应该接种流行性感冒的疫苗呢？

 在考虑各种条件的基础上，再做最妥当的选择。

关于流行性感冒的预防接种，每个家庭都会在"接种还是不接种"上纠结一番。"曾经接种过，结果还是得了流行性感冒"，"宝宝还小，还用不着吧"，"听说如果不是每年都接种的话，就没有效果"等等，最终还是根据各自家庭的具体情况做出判断。

有一位母亲说："预防接种虽说不能百分之百起到预防作用，就当是给孩子上了一个保险，因此就打了防疫针。"

流行性感冒最猖獗的季节是 1 至 2 月份，所以，如果接种的话，最迟也要在 12 月打完第 2 针，使身体产生免疫力。

如果决定不打防疫针的话，那么在每天的生活中要特别加以注意。从外面回来的时候要漱口洗手，不去人多的地方，这都是全体家庭成员必须做到的事情。外出时戴上口罩也能起到预防作用，所以，父母在这个时期，一定要戴上口罩外出。

没有必要太担心。

爱咬人

 宝宝有时会咬妈妈甚至朋友，怎么办呢？

宝宝在不满意或兴奋的时候，有时会突然咬人，让我不知所措。除了妈妈以外，有时也会咬别的朋友，怎样才能制止孩子的这种行为呢？宝宝会说话以后，能改掉这个毛病吗？

 现在只能采取躲避的办法，将来批评宝宝时才能懂。

婴儿在这个时期自我意识开始一点点地萌发并且开始表达自己的意志了，经常用发火或是用突然发出怪声的方式来表达感情。像您说的那样咬人与发怪声一样，都是孩子想诉说自己的某种感受。但是，婴儿并不知道这是不对的，也没有能力意识到咬人是要被批评的。所以，这时批评孩子也是对牛弹琴，宝宝是不会改正的。

婴儿要到3岁左右才会理解大人批评自己的含义是什么，现在能做的事情只能是当您感到宝宝要咬你的时候，赶紧躲开。

当然，这种状况不会持续太久的，

癖好

 宝宝一直用手拿着自己喜欢的浴巾，不让洗，怎么办？

宝宝特别喜欢浴巾，睡觉的时候，出门的时候都不肯撒手。想洗一洗都做不到，真为难。怎么做宝宝才肯撒手呢？

 从宝宝手里硬拿过来的话，宝宝就太可怜了。在孩子睡觉的时候洗吧。

宝宝喜欢的东西能让宝宝心里感到平静和安稳，所以，硬要从宝宝手里夺过来的话，宝宝就太可怜了。在宝宝睡觉以后再洗吧。

宝宝会走路以后，视野将更加宽阔，令宝宝开心的事情也会更多了。类似宝宝缠着要浴巾的事情，慢慢地就会减少了。

而且，宝宝也渐渐地能够听懂妈妈说话的意思。到时候就可以跟孩子说："妈妈想把宝宝喜欢的毛巾洗干净以后，再还给宝宝。"

173

生活规律

 白天长时间的睡眠与夜间不肯睡觉有关系吗？

宝宝白天上午下午各睡一次，睡觉时间短的话，过一会儿就会哼哼唧唧地开始磨人了。孩子白天这么犯困，和夜间醒来次数过多有关系吗？

 早上让宝宝早点起床，在上午要充分运动。

我认为白天睡觉时间过短与夜间醒来次数过多，是有关系的。保持一整天正常的生活规律，是夜间婴儿正常睡眠的基本条件。让宝宝早上在一定的时间内起床，然后在上午充分活动。可以出去散步，在公园里玩耍，总之要注意尽量让孩子在户外活动。

充分玩耍累了以后，孩子自然就想去睡午觉。即使睡了近1个小时也没有关系，醒过来之后，就没有必要再哄孩子睡觉了。

今后宝宝体力越来越强，活动范围和活动量都会大大地增加。所以，白天的睡眠也会从2次变为下午1次。同时大脑也发育得越来越完善，晚上睡眠的质量会更高，使得宝宝夜里不易醒来了。

生活规律

 我们是双职工，与宝宝玩耍以及睡觉的时间都很晚。

由于夫妻两人都要上班，有时到晚上8点才能去幼儿园接宝宝。若是和宝宝一起玩一会儿的话，往往就寝时间就会超过夜里12点。这样让宝宝熬夜可以吗？

 还是以宝宝的生活规律为中心。

为了不破坏宝宝的生活规律，熬夜的生活方式对宝宝来说是不适宜的。虽然各家情况不尽一样，平时还是应该注意让宝宝早点上床休息。

如果您担心母子交流的时间不够，那么充分利用休息日的时间吧。如果能早睡早起的话，就可以利用早上不太长的时间进行母子交流了。

洗澡时间

 是不是在宝宝睡前给他洗澡更好呢？

老公下班较晚，我由于要做晚饭和收拾房间等也显得忙忙碌碌。虽然在比较早的时间就给宝宝洗好澡，但宝宝并不能很好地入睡。是不是在睡前洗澡为好呢？

 饭后不能马上洗澡，其他的时间则可以根据情况来定。

洗澡最重要的目的是要保持身体的清洁，所以，洗澡以后就不要带宝宝出去玩了。至于其他时间，在妈妈方便的时候，只要不是饭后马上洗澡，随时都可以。

根据婴儿的性格，入睡的方式各式各样。但我认为与洗澡时间是没有太大的关联的。

洗澡以后，许多婴儿反而就更有精神了。睡觉之前洗澡的话，宝宝往往要再玩一会儿，难以马上入睡。所以快到宝宝睡觉的时候，妈妈就不要过于忙乱，尽可能地营造一个安静悠闲的环境，这是让宝宝顺利入眠的重要条件。

夜间哭啼

 宝宝看起来好像还睡着呢，却哭得很厉害。怎么回事？

在入睡 1 个小时左右，或是在清晨，宝宝会闭着眼睛一边睡，一边哭出声音来。让宝宝含着奶嘴或是把他抱起来的话，就会停止哭泣，不一会儿又继续睡觉。是不是在做梦呢？

 也许是受到白天兴奋状态的影响。

婴儿的睡眠从整体来看，一般认为睡得比较浅，而且和大人相比，浅睡眠与深睡眠的循环周期也比较短。至于这时宝宝是否在做梦，目前还没有明确的答案。不管怎样，现在正是婴儿夜间啼哭的时期。每个宝宝，每个母亲都要经历这个过程。

这个时期的婴儿，在白天外出或是和小朋友玩耍得很兴奋的情况下，当天夜晚，由于白天的兴奋状态一时没有镇静下来，许多宝宝就会产生不肯入睡或是夜间啼哭的现象。

所以，在当天的夜晚，为了使宝宝的兴奋状态尽早平静下来，一定要保持一个悠闲的环境。可以比平时早一点洗澡，让宝宝在寂静的状态下进入梦乡。

饭量

 宝宝特别喜欢吃母乳，辅食难有进展。怎么办？

我家宝宝至今还是特别喜欢吃母乳，经常不愿意吃其他的食物。宝宝哭着要吃母乳的时候，我又不忍心不给，最终还是让宝宝吃，结果就是造成了辅食难有进展。9个月以后的专用婴儿奶粉也不愿意喝。整体上看，饭量比较少，我感到有些担心。

 首先要培养孩子对吃饭的兴趣。

在仅靠母乳营养难以跟上的这个时期，如果宝宝又不肯好好吃辅食的话，母亲是会感到非常头痛的。那么就下点工夫开动脑筋把辅食制作成"有魅力的食品"吧。如果有宝宝喜欢吃的食物，就让孩子尽情地吃。用手抓着吃，把周围搞得乱七八糟都随他去好了。因为自由地吃东西能让宝宝感受到吃饭的乐趣，而且现在正是培养婴儿吃饭欲望的时期。

另外，家里人一起围坐在桌子周围吃饭的气氛，对宝宝来说也是非常重要的。如果看到爸爸妈妈香喷喷吃饭的样子，也可以提高宝宝吃饭的意欲。

而且，要让宝宝白天尽可能地活动身体，这样肚子就会容易感到饥饿，宝宝就会自然而然地去拿食物了。

 挑食

 宝宝开始挑食了，真让我为难。怎么办呢？

宝宝可挑食了，不喜欢的东西会呸的一下吐出来。而且，有什么不满意的时候，还会摔东西发脾气呢。这种场合下，如何应对呢？

 不要先下"宝宝讨厌这个食物"的结论，灵活处理是关键。

这个时期，婴儿开始萌生自我意识，有时想按照自己的想法行事了。您的孩子相比较而言，属于那种讨厌的东西绝对讨厌，不行的事情绝对不行，能把自己的想法清楚地表现出来的孩子。

但是，对于食物的好恶是随着成长发育而在不停地变化的。虽说现在不吃，也不要简单地下"宝宝讨厌这个食物"的结论，关键是要灵活对待。

比如说，即使宝宝把吃着的土豆吐了出来，也不要马上认为："啊，宝宝不喜欢吃土豆，真为难呀"，而要对宝宝说："哎呀，吐出来了？这个土豆好可怜呀。"这样暂且搪塞过去。以后，可以再做一次土豆让宝宝吃。我建议您这样做比较好。

还有，即使是同样的材料，如果做成不同的味道，或者改变一下做菜的方法，很多时候孩子都会吃得很香的。

练习使用杯子

 我想宝宝可以不用奶瓶了，练习使用杯子有什么窍门？

吃饭（用手抓着吃）以及练习用杯子都不怎么顺利，宝宝现在还是都不太会用杯子。

 试着用小盘子练练看吧。

孩子用杯子喝果汁或喝茶的时候，其难度之大是意想不到的。由于害怕洒出来，杯子里的水不能倒太多，这样要想喝到里面的水，杯子倾斜的角度就会非常大。

宝宝在用杯子喝水的时候，可以用浅一点儿、轻一点儿的杯子。在往嘴里喝的时候，妈妈要帮孩子一把。只要水能碰到嘴唇，喝起来就不难了。

也可以用小盘子练习喝水，把菜汤或者炖煮的菜汤放进小盘子里，让宝宝边吸边喝。用盘子练习喝水与用杯子喝水在感觉上是一样的，会用盘

子以后，也就基本上会用杯子了。

关于奶瓶的问题，您不用心急。还是暂且让宝宝继续用奶瓶喝东西吧。在宝宝能用杯子喝水之后，自然就不会再用奶瓶了。

兜齿

 我家宝宝有点兜齿，今后怎么办好呢？

宝宝上面有 2 颗牙，下面有 4 颗牙。下面的牙向前突出，有兜齿的现象。咀嚼上没有发现什么问题，今后在吃辅食的时候，应该注意哪些问题呢？有必要接受治疗吗？

 下颚的肌肉发育起来以后，就会好的。

由于婴儿目前下颚还很小，从下颚至口腔周围的肌肉还未发育完善，牙齿还没有长齐，所以究竟是不是兜齿，在这个月龄还无法判断。

等到臼齿长齐，能够咬得动较硬的食物，下颚的肌肉发育完善之后，牙齿的咬合在某种程度才能固定下来。今后在这个过程中，要给宝宝准备丰富多样的食物，不要总是给宝宝吃软乎乎的东西，还可以把干鱿鱼、

白薯干之类的食品当做零食给宝宝吃。

另外，如果您还是觉得放心不下的话，在婴儿1岁半健康诊断的时候，可以请牙科大夫详细地检查一下。

牙齿

 经常吃甜水果的话，容易长虫牙吗？

饭后宝宝能吃好多水果，我担心吃太多会不会长虫牙呢？

 水果中的果糖是不易引起虫牙的。

水果中甜的成分是果糖，被认为是糖分中难以引起虫牙的成分。

容易引起虫牙的是糖块、饼干等食品中含有的蔗糖。即使吃很多水果也不用担心虫牙的问题。

但是，吃完水果之后，口腔里最好不要留有残渣，所以可以喝点儿茶，清洁一下口腔。

老是往嘴里塞东西

 宝宝总是把小石头等往嘴里塞，有什么办法可以阻止呢？

我家的宝宝对吃饭没有多大的兴趣，吃得也不多。但是，带宝宝外出的时候，路边的小石头、树叶之类的东西，都往嘴里塞，要制止孩子这种行为可费劲了。是不是还要过一段时间，宝宝才能区分出哪些东西是食物，哪些东西不是食物呢？

 宝宝是在用嘴来确认东西，此时需要妈妈用恰当的语言来制止。

到了这个时期，辅食一天要吃三顿，而且对吃饭这个事情可能多少也觉得都是老一套食物，宝宝已经不感到稀罕了。这种事情是经常有的，过一段时间就会改变，不必担心。

宝宝把什么东西都往口中塞，并不是想吃，这种行为只是想确认这究竟是什么东西。嘴的感觉是敏感的，所以，宝宝首先就会用嘴来确认。

区别是否是食物，这个时期的婴儿也能大致上做出判断了。此时婴儿已经能够理解大人的语言了，所以此时可以对宝宝说："很脏的，别这么做了啊"，"吐出来吧"。每次都要不厌其烦地反复跟宝宝说。

但是，最好别用"不许这么做"、"不许吃这种东西"之类的训斥孩子的口吻。

如何教育宝宝

 **有关危险的事情，如何教育
宝宝呢？**

虽然宝宝似乎能听懂爸爸妈妈的
话了，但是不管说多少次，宝宝还是
要攀登危险的地方，或是去触摸电器。
怎样教育宝宝呢？

 **用宝宝能够听懂的语言，耐
心地告诉孩子。**

心灵和身体以及智力上都有了长
足的发展，宝宝在这个时期对周围的
事物理解得更透彻了。现在突然发觉
了过去一直没有注意到的东西，因此，
宝宝的"探索活动"变得更加活跃了。
看看周围，原来竟是一些能引起自己
好奇心的东西，理所当然地宝宝不伸
手是不可能的。

但是，孩子此时还没有能力判断，
哪里是危险的地方，哪个是危险的物
体。对于孩子来说，都只不过是勾起
兴趣的对象而已。因此，大人就要尽
最大可能，让宝宝远离危险的环境。

而且，如果在宝宝伸手能碰到的
地方有危险物体，每次都要反复提醒

孩子。比如炉子，就可以一边拉着宝
宝的小手，靠近炉边，一边说："好
烫呀，好烫呀。"

总之，要用宝宝能够听懂的语言，
反复地告诉孩子，这是很重要的。

如何批评宝宝

 **宝宝特别调皮捣蛋，如何批
评呢？**

我家宝宝真的特别调皮，总是喜
欢用手指把推拉门上面的纸捅破后撕
下来。对1岁的孩子，如何批评才好
呢？

 **不要批评，而要给宝宝准备
好可以用来调皮捣蛋的东西。**

现在正是婴儿想用手指头干点什
么事情的时候，如果看到推拉门上的
纸，孩子当然会用手指头去捅了。

您如果训斥宝宝的话，那一瞬间
孩子会吃一惊，暂时停止"恶行"，
但宝宝并不懂这是不可以去做的事
情。过不了多久，如果宝宝又看到纸
窗户，门上的纸，还会重复这种"恶
行"。

在这种情况下，为宝宝准备好可
以毫无顾虑地淘气的东西吧。比如让

179

宝宝尽情地去撕扯旧报纸；在空的面巾纸盒子里塞进没有用的纸张，让宝宝去揪去扯好了。宝宝如果有大量这样的机会，渐渐地就不会对推拉门上的纸之类的东西产生兴趣了。

如果宝宝对推拉门上的纸特别执著，可以暂时把推拉门拆下来。但在拆下之前，还是首先用上述的方法试一试吧。

第三章
帮您解决 1～2 岁宝宝成长的烦恼

1岁1~3个月

能自己走路了

用自己的小脚丫，开心地摇摇晃晃走向自己想去的目的地。让宝宝和妈妈一起去散步吧。

能一个人自己走路了

到了这个时期，几乎所有的宝宝都能一个人自己走路了。最初为了保持身体平衡，宝宝会把两只手举起来摇摇晃晃地走。慢慢地越走越好，脚步也变得越来越稳。刚开始的时候宝宝会经常摔跤，为防止宝宝受伤，要在旁边注意保护孩子。

另外，在这个时期如果还是不会走路，也不必担心。因为身体已经发育到能走路的程度了，也许是这第一步怎么也跨不出去，再稍微等一等吧。

孩子对言语的反应比能说的词汇数量更重要

到了开始担心宝宝说话早晚的时候了，其实无论宝宝能说出什么样的话，只要语言（或者类似语言）能说出来了，父母就可以放心。

这个时期，更重要的是，宝宝是否已经具备了交流的能力。比如说，喊宝宝名字的时候，虽然还说不出话来，但可以感觉到孩子已经知道了在喊自己；在批评宝宝淘气的时候，宝宝会表现出知道挨骂了的神情。婴儿有了这些反应之后，可以说宝宝已经做好与人进行交流的准备了。比起能说多少句话，父母更应该把注意力投到这方面。

找到母乳的替代物，是孩子断奶的关键

这个时期很多母亲都在考虑给宝宝断奶。实际上，在1岁到1岁半，是最容易成功断奶的时期，但事实上，断奶的契机和时机都是不太容易找到的。

每家都是根据各自的实际情况决

定断奶的时机的。比如"因为宝宝长牙齿了，乳头被咬得生疼"、"想再生一个宝宝"、"因为只是在睡觉前喂奶，所以下决心断奶"等等。

　　重要的是，孩子要在自己的生活中，找到能够代替母乳的东西。比如，孩子在吃饭的时候，感觉到自己动手吃饭的快乐；与吃奶时被母亲抱在怀里所得到的安心感相比，宝宝实际觉得玩游戏或许更有意思……母子二人同时寻找能代替母乳的东西，完成断奶的目标。

1岁1~3个月宝宝的育儿问答

走路

Q 宝宝已经过了1岁了，还不会走路。怎么办呢？

　　我家宝宝过了1岁却还不会走路，真的很担心。虽然稍微有点胖，但是非常好动。

A 也许您家的宝宝是一个谨慎的孩子，再观察一段时间吧。

　　如果宝宝喜欢活动的话，起码身体的发育没有问题。

　　宝宝从扶着东西站立起来到开始走路这个过程，比起以前的成长过程来说，更加具有强烈的个性。也许，您的宝宝是一个性格谨慎的孩子。或

183

许孩子这时也在想："松开手走一步试试？不行，还是太可怕了。"

所以，我认为您可以再观察一段时间。

流鼻血

 宝宝起床的时候，有时会流鼻血。什么原因呢？

宝宝早上起床和午睡后醒来的时候，时常会流鼻血。量倒是不多，是什么原因呢？

 也许是抠鼻子造成的。

鼻中隔（把鼻腔分成左右两部分的组织）的前端有大量的静脉，所以是容易出血的地方。流鼻血也许是由于在睡眠期间，无意识地用手指抠鼻子的缘故。

如果鼻血流得不多而且能马上止住的话，就没有什么问题。

也可以考虑到鼻子里或许被什么东西碰伤了造成的，在鼻血不容易止住的情况下，请到儿科请大夫诊察宝宝鼻子的内部。

身上痣

 宝宝身上有浅茶色的痣，有点担心。这是什么原因？

宝宝生下来的时候，在肚脐的旁边和腋下有浅茶色的痣。直径都在1厘米以内，颜色也比较浅，所以并不太显眼，我也不太介意。但是我看过报道说，如果有很多斑痣就应该引起注意了。所以，我还是感到担心。

 随着孩子成长发育，逐渐会变得不显眼的。

如果宝宝身上痣颜色不深、不显眼的话，随着身体越来越大，颜色就会渐渐地变得更浅，所以不必忧虑。大多数婴儿身上都会有一两个不大的痣，把它们当做自然出现的东西吧。

您所看过的报道说，"有很多斑痣的话，就应该引起注意"，所以您才开始担心起来。报道恐怕说的是"咖啡牛奶色斑"。这种咖啡牛奶颜色似的茶色色斑，布满全身的话，确实与一种叫做"神经皮肤综合征"的病症有关。

可是，您家宝宝身上只有2个地方长着痣，应该是没有问题的。

湿疹

Q 宝宝湿疹反复发作，很令人担心。怎么办呢？

虽然 2 至 3 天就能治好，但时常全身（包括脸部）都起湿疹，因为总是反复发作，真的令人非常担心。儿科大夫为宝宝开了抗组织胺的药。

A 恐怕是荨麻疹，再观察一段时间吧。

大夫为您的宝宝开的是抗组织胺的药，那么恐怕是诊断为荨麻疹了吧。荨麻疹在疲劳的时候，甚至仅仅因为洗澡都会长出来的。

孩子的皮肤自律神经尚未发育完善，所以本身就是容易出湿疹的。2 至 3 天就能治好的话，再观察一段时间吧。

退烧药

Q 宝宝发烧时应该如何使用退烧药呢？

我听说孩子即使发高烧，看起来精神还不错的话，可以不用退烧药。但是，体温已经超过了 40 度，担心是否会引起热性痉挛。使用退烧药时必须了解哪些事项呢？

A 首先要知道发烧是身体的一种防卫反应。

最近普遍认为不随意吃退烧药的话，身体的恢复反而会更快。发烧是为了抵抗病毒和细菌，保护身体健康。身体的温度上升以后，可以有效地阻止病毒和细菌的繁殖。

但是，您的宝宝发烧已经超过40 度了，还是有必要使用退烧药的。烧退了以后，并不意味着排除掉了病毒和细菌，所以别忘了在药效过了 2 至 3 个小时以后，体温还会再次上升的。发烧之后，总而言之要冷却身体。

热性痉挛基本上都是急性发热以及发高烧 24 小时以内发作的。体温不见得非要到 40 度，即使只有 37 度、38 度，有时也会发作的。

宝宝发烧

Q 长时间地发烧，对身体有什么影响吗？

宝宝得麻疹的时候，发烧整整一个星期，非常难受。其中有 3 天，体温高达 39 度。我担心对大脑会不会有什么不好的影响。怎样才能发现异常情况呢？

185

如果只是发烧而没有其他症状的话，就没有关系。

发烧是因为宝宝身体发生了防卫反应，是与身体内部的"异常现象"做斗争的结果。所以，发烧本身并不是什么太值得担忧的事情。一般认为高烧超过 42 度，才会对身体产生不良的后果，而这种情况是极其少见的。

我估计您所担心的是，怕宝宝因为得了麻疹而使大脑留下什么后遗症。假使大脑出现了异常，在麻疹治疗过程当中，一般都会出现一些"痉挛"之类的症状。现在如果没有出现意识障碍、呕吐以及痉挛等症状的话，基本上就不会有问题了。

学说话

 宝宝话语不清楚，很担心，怎么办呢？

宝宝似乎能听得懂大人的话，但怎么也说不利落。

 现在是语言的积累期，多和宝宝说话。

在这个时期，能说好多话的孩子很少。即使到了 1 岁半的时候，说话能让人听得懂的宝宝也不是那么多。

能明白自己的名字，也懂打招呼的意思，就没有任何可担心的了。

这个时期，是宝宝积攒词汇量的时期，因此，父母要多和宝宝说话，还可以读画册给宝宝听，帮孩子增加词汇量。

体温调节

 给宝宝穿厚了，结果长出痱子。如何给宝宝调节体温呢？

因为怕宝宝感冒，睡觉的时候就多穿了一些衣服，结果长出痱子了。但是穿得过少的话，就马上会感冒。调节宝宝体温有什么窍门吗？

 掌握好宝宝体温上升的时机。

孩子们的睡相都不好，所以，做父母的总是害怕孩子在睡觉的时候，会因为踢开被子着凉感冒，因而有时会让宝宝穿得稍微多一点。

孩子的体温容易被体外环境所左右，而且还不能很好地自我调节体温。所以，父母就要事先知道宝宝在什么样的状态下体温会上升，在什么样的状态下体温会下降，从而采取应对措施。

在入睡不久的时候，孩子体温是会上升的，这时被子要盖得少一点，熟睡之后再多盖一点。另外，在清晨时分，体温处于比较低的状态，可以给宝宝多加盖一床被子。

虽说如此，但由于孩子的睡相本来就不好，使得上述方法往往难以实行。所以，请灵活运用"肚围"吧。即使只是暖和了身体的中心部位，也能够抵抗寒冷。所以，这是帮助婴儿调节体温不可欠缺的方法。

总是缠着父母

 宝宝老是跟在妈妈身后，对于成长没有影响吗？

宝宝总是跟在妈妈身后，形影不离。即使把宝宝带到聚集着同龄孩子的地方，宝宝却根本不想走到孩子里面去。这样下去没有关系吗？

 现在是想和父母一起"观察"周围环境的时期。

这个时期，孩子想和爸爸妈妈在一起的愿望还是相当强烈的。如果懂得了宝宝的这种心理，对宝宝跟在身后的现象也就不难理解了。即使宝宝对同龄的孩子表现出兴趣，也想做同样的事情，但是还没有到一起参与、一起玩耍的阶段。此时的宝宝一般采取的行动方式是：紧紧靠在妈妈的身边，站得远远地观看。

"好不容易有这么多小朋友，去一起玩吧"，母亲这时候可千万不能这么想，更不能硬把宝宝轰赶到孩子当中去。现在这个阶段，宝宝是想和妈妈一起"观察"别的小朋友，同时还能多多地积累经验。这种体验能够拓展宝宝自己的世界，促使宝宝以后去和小朋友们一起交往。

这种情况下，您最好留在宝宝身边，等待着宝宝想去寻找更加宽阔世界的那一天吧。

表达自己主张

 宝宝什么事情都说"我自己来"怎么办好呢？

最近这段时间，宝宝什么事情都说"我自己来！"于是试着让宝宝做了。但是，当做不好的时候，还会发脾气。怎么办好呢？

 理解宝宝的心情，母亲在旁边帮孩子一把。

您的宝宝已经萌发出自我意识，

187

并且是开始提出自己主张的时期了。什么都想自己动手，但是手脚又跟不上，不是那么灵活，所以失败的时候，宝宝会对自己发脾气的。这是成长过程中的自然现象，重要的是大人要充分理解宝宝此时焦躁的心情。

比方说，在宝宝穿不好袜子的时候，妈妈可以把责任归咎于袜子，用这种办法来缓和宝宝的情绪。您可以这样对宝宝说："宝宝穿不好袜子是吗？宝宝在拼命地穿，袜子为什么不肯好好地配合呢？真是个让人头疼的袜子。袜子，你要听话啊。"

而且，此时妈妈始终要充当一个帮忙的配角。不能"这个事情宝宝做不了，所以妈妈来做"。而是"宝宝做不了的部分，妈妈来帮忙"，以这种态度来培养宝宝的积极性。

用左手还是用右手

 宝宝左右手都在用，不会混乱吗？

我家宝宝主要用左手，但是叉子、勺子之类的东西，则有时用左手有时用右手。我现在并不干涉宝宝，但以后会不会混乱呢？

 以不露声色的方式，培养宝宝两手都能用。

都说用左手还是用右手是由遗传的因素来决定的，但是遗传的形式目前都还不清楚。日本人当中左撇子大约有 8% 左右，据说男性比女性要多一些。

您家的宝宝左撇子的可能性我认为比较大，这个时期如果坚持让宝宝也用右手的话，今后两只手就都能灵活运用了。

但是，不要强制地让宝宝可以用这只手，不可以用那只手。例如，不要对孩子这样说："叉子是用这只手（右手）拿着的。"而要不动声色地把刀子和勺子放在宝宝的右手位置，让孩子自然地使用右手，这是非常重要的。不用强制手段，我想孩子也不会混乱的。

菜刀也好，剪子也好，到处都有左撇子专用的商品。所以，即使是左撇子也没有任何不方便的。

声调高低

 宝宝在超市时，声音可大了，真让我不好意思。怎么办？

带宝宝去超市买东西的时候，整个超市都能听到宝宝大声嚷嚷。随着身体的发育，现在宝宝的声音越来越大了。

 如果能给宝宝提供发泄场所的话，孩子是会听话的。

大人不是也有想大声喊叫的时候吗？尽情地喊叫之后会感到极其舒畅的。既是用来发泄郁闷心情的好方法，又说明身体是健康的。不要认为是坏事，在选好适当的场所之后，和宝宝一起大声喊叫一阵也挺好的。比如说在公园里、公寓的屋顶上面，就不会影响任何人了。

这样，在情绪发泄之后，宝宝就不会在超市之类的地方大声喊叫了。而且在这个时期，孩子也能听得懂大人的话了，您可以告诉宝宝："超市里还有很多别的客人，他们会吓一跳的。所以，别大声喊了啊！"宝宝完全能听得懂的。

掏耳朵

 宝宝特别讨厌别人给自己掏耳朵。怎么办呢？

我家宝宝不愿意别人碰耳朵，即使我想给宝宝掏耳朵的入口处，也根本做不到。曾经在宝宝睡着以后试着掏，但却马上惊醒过来。

 如果宝宝不愿意的话，就别勉强孩子了。

给孩子掏耳朵，用棉棒稍微清理一下耳朵的入口处就行了。如果宝宝还是不愿意的话，在洗澡之后只需把耳朵擦干净就可以了。

如果觉得宝宝的耳朵很痒，也许是长了湿疹，最好还是去耳鼻喉科就诊，大夫除了能看病，还能为宝宝把耳朵掏干净。

等宝宝再稍微长大一点儿，什么都爱模仿的时候，当看到爸爸妈妈在掏耳朵，宝宝也会央求给自己掏一掏的。所以，如果宝宝现在不愿意的话，就别勉强孩子了。

而且，逼迫宝宝做事，对孩子来说也是一个不愉快的经历，或许会造成将来真的会不愿意掏耳朵了呢。

189

宝宝到外面玩耍以后，晚上就会哼唧磨人，怎么回事？

宝宝白天在外面玩得很好，但是到了夜间，却经常睁开眼睛醒来哼哼唧唧地磨人。而且，早上起床的时候也会不高兴，大多是一边哭一边起床。有什么好的方法能改变这种状态呢？

 帮宝宝营造一个容易入睡的环境。

宝宝夜间哭啼是因为睡眠节奏还没有掌握好。早上睁开眼睛以后，大脑清醒的程度与荷尔蒙的分泌也有关系。在深夜分泌出来的荷尔蒙会促进清晨荷尔蒙的分泌，其结果是使得体温上升，醒来时情绪就会很好。您的宝宝一边哭一边起床的现象，问题就是出在这里了。

由于个人差异，孩子生理机能的发育快慢也不一样。等您的宝宝按照自己的速度，生理机能发育完善以后，夜里就会酣睡不醒的。

现在您应该想想如何帮助宝宝营造一个容易入睡的环境。白天让宝宝尽情地在外面游玩，但是吃完晚饭之后，就要尽可能让孩子安静下来。睡觉之前要是撒欢打闹，身体剧烈活动的话，兴奋劲儿消失不了，是不容易入睡的。电视机的声音要调小一些，照明也调得暗一点，使房间里的气氛适合孩子睡眠。

吃零食

 请问应该如何给宝宝吃零食呢？

有时候小宝宝想吃和大孩子们同样的零食，但考虑到盐分、糖分以及含油量的问题，我就特别担心。我尽可能地给小宝宝吃我自己亲手制作的零食，但还有别的好办法吗？

 非常赞成您亲手制作零食，最重要的是味道要淡一些。

看到哥哥姐姐吃零食的时候，到这个月龄的小宝宝自然就会开始抱有这样疑问了："为什么我不能吃同样的东西呢？"

终于有一天，宝宝会提出："我也想吃。"但是，在孩子还这么小的时候，还是尽量吃味道淡一些的食品，避免吃那些味道比较复杂的东西。所以，我非常赞成让宝宝吃那些能够调节盐分、糖分以及含油量高的，由妈妈自己亲手制作的零食。哪怕是"尽可能"，也请继续坚持下去。

在这个基础上，还可以和大孩子们商量，取得他们的理解和协助。"小宝宝还小，吃不了你们的零食，你们看怎么办好呢？"哥哥姐姐们或许就会说："那我们就吃和小宝宝一样的零食吧"，"小宝宝不在家的时候，我们再吃零食吧"等等。

不管怎样，最好不要经常性地给小宝宝吃味道太复杂的食品。

宝宝咀嚼

 请问如何培养宝宝的咀嚼力呢？

宝宝几乎可以吃各种东西了，但是咀嚼的次数还是偏少，比较硬一点儿的食物，就整个咽下去。为了锻炼宝宝的咀嚼能力，是否还是应该把辅食做得和过去一样软呢？

 请把咀嚼的样子演示给宝宝看，慢慢咀嚼力就会变强的。

臼齿长齐要到 3 岁左右，在此之前，婴儿不可能和大人一样咀嚼食物。现在是宝宝使用牙床嚼食物的阶段，所以煮熟的蔬菜，水分多的肉丸子以

及煮或烤得比较软的鱼都能嚼得动，对于小孩子来说太硬的食物只好整个咽下去了。

不过没有必要把辅食做得和过去那样软了，但是和大人吃一样食物的时候，要把硬的和味道太重的食物挑出来，再给宝宝吃。

为了锻炼孩子的咀嚼能力，在和宝宝开开心心一起吃饭的时候，大人可以表演给宝宝看。"宝宝你看，像妈妈这样多嚼一会儿，饭就更好吃了。"

另外，让宝宝多嚼一会儿再咽下去的时候，不要用生硬的语气。那样的话，就会破坏吃饭时的轻松又开心的气氛了。

宝宝断奶

 看着宝宝安心吃奶时的模样，真不忍心断奶。怎么办？

宝宝夜里不喂母乳就不肯睡觉。有的育儿书上写着"即使宝宝哭喊也要铁石心肠"。可是看着宝宝一边吮吸着母乳，一边安心睡眠的可爱模样，无论如何我也下不了狠心。再说由于哺乳，使得我自身也不容易发胖，所

191

以对于给孩子哺乳我也并不反感。

 母子都满意的话，就不必急于断奶了。

看到宝宝无比安心地进入梦乡的可爱模样，会让母亲的心里感到极其安详和柔和，母爱就会更加强烈了。而且对于您来说，还有减肥的效果。如果您自身也想继续哺乳的话，根本就没有必要断奶了。而且母子都因此而感到特别幸福，就好好地珍惜这段时光吧。

当然，今后也有可能会因为无法断奶而感到苦恼，到时候再想办法吧。

为了今后可能会发生的事情而现在就感到苦恼，那才是"轻松育儿"的大敌。

宝宝长牙

 好像我家宝宝牙齿长得比较迟缓。什么原因呢？

虽然宝宝现在上下各长有 4 颗牙齿，但是其他的牙齿还根本没有一点要长出来的迹象。因为别的小朋友连臼齿都长得很好了，所以我有点担心。这么大的孩子应该长出多少颗牙齿来呢？

 孩子长牙的速度有很大的个人差异的。

如果宝宝现在上下各长有 4 颗牙齿了，就可以说基本上是正常的。虽说别的小朋友连臼齿都长好了，您宝宝的牙齿绝对长得不算迟缓的。

本来孩子长牙齿就有很大的个人差异，既有 1 颗接 1 颗地长牙的孩子，也有几颗牙齿一起长出来的宝宝。还有的孩子长牙虽然比较晚，但一旦长出来就会一下子都长齐了。

我甚至还遇到过这样的孩子，已经过了 1 岁半，居然连 1 颗牙都没有长出来。所以，孩子长牙齿是有个体差异的，不用担心。

让宝宝撒娇

 我又怀孕了，如何让现在的宝宝撒娇呢？

第二个小宝宝马上又要出生了。也许是这个原因吧，现在的宝宝可会撒娇了，而且稍微有点儿不满意的事情就会大哭起来。而我现在又是大腹便便的，抱也抱不了。有没有别的疼爱孩子的方法呢？

预先和宝宝多多交流，增加母子感情。

这个时期，虽然宝宝开始萌发自我意识了，但是对父母还有强烈的依赖感。而在母亲再次怀上小宝宝的时候，无意识地就容易把宝宝当做哥哥或姐姐来对待的，对于这么小的宝宝来说，就有点儿可怜了。

所以，不能等到宝宝向母亲寻求母爱的时候，才给予回应。母亲要先采取措施才是上策。即使不能把宝宝抱起来，也可以用脸蹭蹭宝宝的小脸，或者把宝宝拥在怀里等等。总之，母亲要积极地多与宝宝接触交流。

开始在意周边的小朋友了

脚步已经相当稳当了，母子2人一起出门可真是开心快乐呀!

脚步渐渐地越来越稳当了

孩子开始能一个人自己走路了，渐渐地脚步越来越稳健。刚开始的时候，为了保持平衡，会把两只手高高举起。而现在即使两手放在身体两侧，也能走得很好了。

但是，在有台阶和高低不平的地方，还不能做到随心所欲地走上走下。所以，这时要注意不要发生宝宝从高处摔下来的事故。

牙齿一般都有8至12颗左右。

孩子长牙齿是有个人差异的，但

到了这个时期，牙齿少的也有8颗，多的会长出12颗左右了。

有的孩子开始长第一颗臼齿了。虽说如此，他们还是不能很好地把食物嚼碎。目前，还是要给宝宝吃稍微软一点儿的食物。直到臼齿都长齐，能够真正咀嚼食物为止。

开始在意别的小朋友

这个时期，开始对同样大小的小孩或是稍微大一点儿的小孩产生兴趣了。由于幼儿园的集体活动增加，孩子也能够学到很多的东西。

宝宝会模仿别的孩子，不断地扩

大游戏的范围。互相之间争夺玩具的过程，也能锻炼孩子们的身心。看到别的孩子拿着玩具，于是自己也想要，这是自我欲求的觉醒。孩子们之间这种欲求的觉醒，在发生互相碰撞的时候，就会出现把别人打哭，或者自己被别人打哭的现象。在这种事情反复发生的同时，孩子们就能慢慢地意识到，或感觉到别人的存在。

在1岁半的健康诊断时，要检查孩子身心两个方面

一定要让宝宝接受1岁半的健康诊断。这次的健康诊断，主要目的是要检查宝宝是否能够独自行走，能否与别人交流等身心两个方面的情况。根据宝宝玩耍的方式和注意力集中的程度，来检查神经和身体运动的发育状况。另外，在齿科检查的时候，会检查宝宝长牙的状况和有无虫牙。还会指导如何给孩子刷牙。

孩子发育速度的个人差异非常大，所以，判断发育是否迟缓不是那么简单的事情。即使被大夫说："再观察一段时间吧。"也不必担心，静静地关注着宝宝的成长发育吧。

1岁4~6个月宝宝的育儿问答

站立

 是不是有什么问题宝宝才踮着脚尖走路呢？

最近宝宝什么都会做了。有时转圈给我看，有时跳远给我看。但是，却总是踮着脚尖站立和步行。我担心是不是宝宝的脚出了什么问题呢？

 我认为恐怕是宝宝觉得踮着脚尖走路更开心吧。

刚开始学走路的孩子，还没有完全掌握走路的方法，因此，一直到会走路为止，宝宝的走路方式是非常有"个性"的。为了保持步行时的平衡，都会采取适合自己的方法。

195

但是有一个现象是共通的，即不论哪个孩子在开始走路的时候，都是把脚底稳稳地蹭着地面行走。所以，如果宝宝的脚有问题的话，我想宝宝是做不到像这样走路的。您的宝宝已经会在大人面前转圈、跳远了，那么可以说基本上是没有问题的。

孩子会走路之后，能够按照自己的意志活动自己的身体了。此时，宝宝就会想出各种让自己觉得开心的动作来。您的宝宝喜欢踮着脚尖走路，恐怕也是一种开心的方式吧。也许宝宝觉得踮起脚尖以后，能够看到更远的景色。

囟门

 囟门被诊断为尚未封闭。没问题吧？

在1岁6个月健康诊断的时候，大夫说囟门尚未封闭，要注意观察今后的变化。那我应该注意哪些事情呢？

 囟门封闭的时间是千差万别的。

从婴儿脑门的正中间笔直向上，摸到在头部的顶端处，可以发现有一块瘪瘪的、软软的地方，这就是囟门。是脑前部和脑后部围起来的部分，由于没有被头骨覆盖，这个地方是处于塌陷的状态。

一般认为宝宝在1岁半到2岁之间囟门会慢慢地封闭，但是每个人其实都是不一样的。闭合的状态也各不相同，有的虽然封闭了，但是还是有点塌陷。

您的宝宝我没有看到究竟是一个什么状态，所以难以做出恰当的结论。但是，到了这个时期，宝宝的囟门不太可能还是处于一个瘪瘪的、软软的状态。我认为很可能是属于那种虽然还是有些塌陷，实际上已经封闭了的情况。

触摸的时候，如果感觉硬硬的，稍微有些塌陷也没有关系。如果没有这种感觉，依然是软软的话，最好请儿科大夫确认一下。

皮肤

 宝宝的皮肤干燥粗糙，我很担心。什么原因呢？

宝宝肚子边上的皮肤特别干燥粗糙，肚子上还长有好多的脂肪颗粒。

是不是应该治疗一下呢？

 注意平时的皮肤保养。

　　皮肤疾病常常伴随着瘙痒症状，要根据产生的原因采取不同的治疗方法。您的宝宝皮肤痒不痒呢？没有看到宝宝，对于宝宝的症状是难以给出正确答案的。但是假如没有瘙痒的话，我认为没有治疗的必要。这个月龄的宝宝皮肤还远未发育成熟，很多麻烦事情都会在宝宝发育成长的过程中渐渐地消失的。

　　至于您说的脂肪颗粒，因为是在汗腺被堵塞，或是皮脂腺分泌旺盛的时候发生的，因此特别是在盛夏季节，在宝宝出汗以及身体弄脏之后，要及时给宝宝冲洗淋浴，使宝宝的皮肤保持清洁的状态。坚持这样做了之后，您再观察一段时间吧。

 大便

 大便很硬，有时能把宝宝憋哭了。怎么办呢？

　　可能是水分少的缘故吧，宝宝的大便都是硬球状的。每天一次大便，但是由于很硬，宝宝拉大便的时候，有时会疼得哭起来。

 准备一些能够调整肠胃的食物。

　　孩子在吃和大人相近的食物时，水分的摄取量自然而然地就会减少，容易造成大便干燥。所以，要有意识地摄取水分，但又不能强迫孩子喝水。

　　给宝宝喝含有双叉杆菌的酸奶以及乳酸饮料，能够调节肠胃状态。苹果汁、橘子汁等果汁能够促进肠胃的蠕动，起到软化大便的作用。

　　而且，最重要的是要保持饭菜的平衡。虽说如此，在这个时期，宝宝应该还是有好多不能吃的食物。因此，要定期给宝宝吃刚才提到的对肠胃有好处的食品，尽早帮宝宝解决大便干燥的问题。

 大孩子与小宝宝关系

 大宝宝总缠着妈妈。小宝宝马上就要出生了，怎么办呢？

　　大宝宝特别喜欢到外面去玩耍，活泼可爱，只是有点认生，总是紧紧地缠着妈妈。小宝宝马上就要生了，如何才能让大宝宝接受小宝宝呢？

还是要以大宝宝为中心。

即使小宝宝出生了，让这个月龄的大宝宝去扮演哥哥姐姐的角色，目前还是办不到的。应该一视同仁地对待他们。

刚刚出生的婴儿几乎一直都是在睡觉，所以，以大宝宝为中心还是可以做得到的。要充分满足其依赖感和想跟妈妈撒娇的愿望。如果大宝宝能够感觉到妈妈对自己的回应，孩子的心里就会产生信赖感和安心感。

为了让大宝宝做到能够等候正在忙乱于小宝宝事情的母亲，上述事情是非常重要的。如果没有得到满足的话，大宝宝就可能会吃小宝宝的醋，或者做出欺负小宝宝的行为。

 感情亢奋的表现，以后渐渐地就能控制自己了。

随着宝宝月龄的增长，一点点地自己会做的事情越来越多，于是自我意识也开始萌发了。但是，毕竟孩子一个人自己能够做的事情还很有限，事情的结果不如意的话，有时就会发起火来。换句话说，发火是孩子感情亢奋的表现。有的孩子这时候会投掷玩具，还有的孩子会咚咚地敲自己的脑袋。孩子们通过这些事情，渐渐地就会懂得不是任何事情你想怎样就会怎样的，这样才能成长起来。

一般来说，孩子不会做那些让自己的身体受到的损害超过极限的事情。所以，随着成长发育，早晚孩子能控制自己的情绪的。

发火

 宝宝不满意的时候，会敲打自己的脑袋。怎么办呢？

我家宝宝淘气被批评的时候，也许是不高兴了吧，有时会用手敲打自己的脑袋，有时还会去撞墙。我担心在发育方面是否有什么问题呢？

乱摔东西

 宝宝老是乱摔东西，劝也不听。怎么办呢？

不管是吃的东西还是玩的玩具，稍不如意就随意乱摔。心平气和地告诉宝宝不能这么做，可是根本不听，还是老样子继续这么做。

不听是正常的，要耐心地反复劝说。

这个时期，孩子越来越有自己的想法，撒娇或以自己为中心只顾自己的现象也越来越多了。不高兴的时候乱摔东西是其中一种典型的行为，是宝宝成长发育过程中的自然现象。因此，即使反复说给宝宝听，宝宝还是乱摔东西这并不奇怪。

应对的方法只有心平气和地告诉孩子，这么做是不对的。还有就是在宝宝乱摔东西的时候，妈妈表演一下给宝宝看。例如，在宝宝把玩具汽车摔出去的时候，妈妈就可以对宝宝说："别摔车车呀，轻拿轻放车车也很高兴的呀！"再比如说，兔子娃娃被乱扔的时候，又可以跟宝宝说："哇！好疼呀！兔宝宝哭起来了呀！"以玩具代言人的身份，向孩子诉说玩具的感受。在乱丢胡萝卜的时候，可以说："宝宝要是好好吃的话，胡萝卜该多高兴啊！"在这样反反复复的过程中，孩子就会慢慢地知道应该照料别人，爱护物品的道理了。

与宝宝交流

 周末很少带宝宝外出，母子感情的交流是否太少了呢？

由于要上班，所以每天都忙得手忙脚乱。到了周末已经没有带宝宝出去散步的精神了，因此，就在家里经常看电视和 DVD。虽然我也在想方设法地增进母子感情交流。

 稍稍出去走一走就行，要有意识地与孩子交流。

在这个时期，宝宝走路已经走得非常好了，活动范围也比以前大得多。带着宝宝到外面去游玩，有助于扩大孩子的视野，认识和理解各种各样的事物。

当然，我也能够理解那些平时上班，每天忙于工作的母亲们，到了周末已经是筋疲力尽，根本就没有带着孩子出去散步的精力和体力了。

那么，可否请爸爸和妈妈交替地陪着孩子呢？即使是稍微到附近走一走，或者一起去办事都可以。对于孩子来说，能和爸爸妈妈一起出去，是一件非同一般的事情，能让宝宝雀跃不已。

如果一起出门做不到的话，可以

199

一起准备饭菜或是请宝宝帮忙收拾衣物，还可以在洗澡的时候和宝宝玩一会儿。总之，最好还是让孩子远离电视和 DVD，多与家人交流。

使用奶瓶

 是否已经到让宝宝停止用奶瓶的时期了呢？

宝宝白天是用吸管或杯子喝奶粉，但在起床的时候和夜里睡觉之前，却依然想用奶瓶。我现在觉得应该让宝宝停止用奶瓶了，有什么好的方法吗？

 让宝宝知道即使不用奶瓶，也依然能感觉到喝东西时的快乐。

宝宝之所以想要奶瓶，也许是因为宝宝知道，只要向妈妈要妈妈就会给。当然也可以耐心地等着宝宝，直到孩子自己慢慢地不再想用奶瓶为止。但是，如果母亲有想让宝宝停止用奶瓶的想法的话，就要坚决地不再拿奶瓶出来。

此时，在宝宝用吸管或杯子的时候，就要多加表扬。"喝得真棒！让妈妈吃了一惊"，"宝宝喝得真开心

呀"，"妈妈也想和宝宝一起喝了"。这些表扬的话语，能够培养孩子用吸管或杯子喝东西的乐趣。一边被妈妈表扬，一边享受着喝东西的快乐。这一定能让宝宝忘却对奶瓶的依恋。

送孩子去幼儿园

 只要把孩子送去幼儿园，宝宝就会生病。怎么办呢？

如果把孩子送去幼儿园，孩子百分之百会得病。为了孩子，也为了自己，我很想送孩子去幼儿园，但又害怕宝宝生病而犹豫不决。是否不必太在意这些，继续送宝宝去幼儿园呢？

 不要害怕宝宝生病，而要让孩子到外面去积攒生活经验。

这个月龄的孩子们，本身就是一边在和疾病做着斗争，一边锻炼自己的身体的。只要孩子体内没有对抗疾病的抗体，那么，到 3 岁左右，就会经常感冒发烧的。

特别是在过集体生活的时候，父母经常会感叹："哇，又被传染上啦！"但是，这也是孩子成长过程中必要的刺激。我们只能这么想：即使采取了预防措施，孩子该得病的时候还是会

得病的。

 孩子睡得迷迷糊糊的同时，老是难受地哼哼。什么原因？

最近这段时间，宝宝老是在夜里哭。虽然不是每天都这样，但总是在睡得迷迷糊糊的时候，显出很难受的样子。抱一会儿的话，又会再次睡着。

 安慰一下孩子使之能安心睡觉。

现在这个时期孩子晚上的哭闹与所谓的"婴儿夜间哭啼"是不一样的。因为是自我意识萌发的时期，常常是由于事情不如意引起宝宝的哭泣。宝宝在夜里突然睁开眼睛的时候，想起白天不痛快的事情，有时就会突然哭起来。

另外，由于白天活泼好动，大脑多少还有些兴奋，在做梦的状态中，兴奋状态受到刺激突然复苏的话，宝宝就会大吃一惊而哭起来。

孩子的夜间哭闹，不管您采取什么措施都是无法避免的。您可以抱一会儿，或者轻轻地跟宝宝说几句话，孩子就会停止哭泣或者又呼呼入睡。

关键是要让宝宝有安全感。可以跟宝宝说："吓了一大跳是吧，没关系的。"然后把宝宝抱起来，一般是不会哭太长时间的。

生活规律

 宝宝总是和爸爸一起吃晚饭，结果睡得很晚。这样好吗？

如果不和爸爸一起吃饭，宝宝就吃得不多，所以晚饭总是吃得很晚。而且，和爸爸一起玩耍的时候，可能是比较兴奋的原因吧，哄宝宝入睡要花好些时间。结果第二天早上就不肯起床。如何改善宝宝的生活规律呢？

 让宝宝在早上和休息日的时候，与爸爸充分交流感情吧。

现在这段时间，虽然正是宝宝容易熬夜的时期，但是保持一定的生活规律还是非常重要的。生活规律会影响到宝宝做事情的积极性以及心理的发育。要想让宝宝养成早睡早起的习惯，诀窍是首先要在早上一定的时间里让宝宝起床。早上打开窗帘，让自然的光线照进房间，和宝宝打招呼，让宝宝听到生活的响声等等，给宝宝以清晨的感官刺激，营造一个让宝宝容易醒过来的气氛。

然后，上午的时间让宝宝尽情地玩耍。午间也早点睡，如果午睡时间过长的话，就可以跟宝宝说说话："走哇，一起去买东西呀！"把宝宝喊起来。

宝宝白天如果能充分活动，肚子就会容易饿，于是可以早一些吃晚饭了，顺势应该就能提前入睡。如果能在爸爸回家之前睡着的话，问题就解决了。

宝宝与爸爸在每天早上和休息日，可以充分进行交流。比如坐在一起吃早饭，然后送爸爸出门上班，这都是非常好的父子之间的感情交流。

边吃边玩

 宝宝吃腻了，就会把食物捏碎了玩。怎么办呢？

宝宝已经会用叉子吃饭了，但是，吃腻了的话，就会用手把食物捏碎了玩。不让宝宝这么做的话，反而变本加厉。这时，我是不是应该什么都不说只是静静地看着呢？

 宝宝开始玩耍的时候，就把食物撤下了。

这个时期，虽说宝宝已经会用叉子吃饭了，但我想宝宝应该还是使用得不太好的。于是，是不是妈妈要经常唠唠叨叨地告诉宝宝正确的使用方法，或是提醒宝宝吃饭时应该注意哪些事项呢？

但是，母亲的这种干涉往往是宝宝产生焦躁不安的原因。结果，就造成宝宝伸手去抓食物。受到妈妈的批评之后，宝宝又会认为得不到妈妈的理解，于是变本加厉了。

拿食物玩耍不是好事，这一点要认真地说给宝宝听。当宝宝开始玩耍的时候，就可以说："饭已经结束了啊。"然后把饭菜撤下去。

当然，在宝宝吃得很香，伸手去抓饭菜的时候，守在一旁注视着就可以了。妈妈可要看清楚这两种情形的不同之处呀。

宝宝挑食

 宝宝非常挑食，而且老是喝离子饮料。怎么办呢？

宝宝过去吃饭一直很好，但是最

近这段时间挑食变得越来越严重，真让人头疼。面类吃得很好，水分的补充也没有什么问题。可是，凉白开水和茶水却是一滴都不沾。断奶以后老是喝离子饮料，我希望宝宝至少能喝大麦茶就好了。

 要逐渐减少离子饮料。

这个时期婴儿的挑食，主要是根据口感来区分的。宝宝是不喜欢干巴巴的食物的，所以，如果下点儿工夫，做成孩子喜欢吃的口感，就会意想不到地吃得非常好。

有关您家宝宝喝离子饮料的问题。这是因为包括糖分在内，营养应该是从食物中均衡摄取的。糖分较多的饮料，有必要与食物分开考虑。可是，孩子肯定是喜欢甜的东西的，喝习惯了以后，茶水之类的东西就满足不了宝宝了。

因为不可能一下子就不让孩子喝，所以可以采取渐渐地减少离子饮料的措施。即使宝宝哭着要，也要忍着不能给。因为如果真的是口渴的话，无论什么宝宝都会喝的。

保护宝宝牙齿

 宝宝特别讨厌别人帮自己刷牙。怎么办呢？

为了使宝宝养成早晚刷牙的习惯，在让孩子自己刷完牙之后，我总要再帮宝宝刷一遍。但是，却遭到宝宝激烈地抵抗，坚决不让我刷。没有办法，只好按住宝宝的手脚和脑袋刷。这样做的话，我担心宝宝今后会不会真的厌恶刷牙呢？

 不要强制，而要采取协助的方式。

我切实地感到了您不想让宝宝长虫牙的迫切心情。但是想象一下您给宝宝刷牙的场面，我就会觉得宝宝迟早会变得真的讨厌刷牙的。孩子现在自我意识开始萌发，开始会强烈地提出自己的意见了。比如会说："不"，"不行"以及"我自己来"等等。在这样的一个时期，强制性地给宝宝刷牙，只会适得其反。

如果宝宝自己刷牙刷得很开心的话，妈妈采取的最好方式是，在旁边关注着并予以鼓励。"宝宝一个人能刷干净吗？""上面的牙齿刷干净了吗？那么该刷下面的牙齿了。"

像这样，在让宝宝自己刷的同时，以跟宝宝交流刷牙心得的方式，协助宝宝刷牙。

要想预防虫牙，就不要让孩子没完没了地吃甜食。而且，在吃完以后，让孩子喝些茶或白开水，对预防虫牙也是很有效果的。

训练孩子上厕所

 还来不及训练宝宝上厕所，是否哪怕只是周末也应该训练呢？

因为是双职工，没有时间训练宝宝上厕所。平时做不到，只是在周末训练一下可以吗？在宝宝睡觉的时候，喊起来上厕所实在是于心不忍呀。

 在宝宝对厕所显示出感兴趣时，再训练也不迟。

没有必要匆匆忙忙，也不必急着训练宝宝上厕所。既然是双职工，每天都要上班，那么想必宝宝每天都要送幼儿园。在幼儿园里宝宝可以看到大班小朋友上厕所的场景，慢慢地也就能学会上厕所，那时就可以不用尿布了。

至于在家里训练宝宝上厕所的问题，可以等到幼儿园老师告诉您宝宝已经对上厕所感兴趣了，再开始训练都不迟。

而且，对宝宝也不要抱太大的期望。能坐在坐便上，您就应该感到庆幸。在宝宝拉出来的时候，别忘了表扬几句。"哇！拉出来啦，宝宝真棒"等等。

在宝宝熟睡的时候，把宝宝喊醒确实挺可怜的。因此，为了不要打扰宝宝的睡眠，晚上给宝宝穿上纸尿布吧。

在这个时期，与其让宝宝到厕所去撒尿，不如让宝宝甜甜地做个好梦。

训练孩子上厕所

 为什么有时候宝宝尿了拉了，却不告诉爸爸妈妈呢？

前段时间，宝宝要上厕所的时候，都能告诉我。虽然现在仍在训练宝宝上厕所，有时候即使拉了尿了，却根本不吭声。为什么会这样呢？

 宝宝还不能有意识地大小便，所以不必在意。

宝宝现在有时会去厕所，有时又会拉在裤裆里，在这个时期这是很自然的事情。

宝宝现在能去厕所大小便这只是偶然的事情，并非憋着有意识地去厕所。要想完全不穿尿布，要等到婴儿能做到即使攒了一点尿，也能有意识地撒出来的时候。

而现在这个阶段，宝宝如果对别的事情入了迷，或者精神紧张的时候，

经常就会尿不出来的。

宝宝慢慢地会上厕所的。不要老想着："昨天好好地还会上厕所，今天这是怎么啦？"父母在这件事情上不要急躁，拉出来的话一起为宝宝高兴，表扬一下宝宝。拉不出来也不必在意。

会表达自己的感受了

越来越能听到宝宝说:"不","不行"。还会生好长一段时间的气。让父母不知怎么办好。

根本就不按照父母的想法行事。之所以会这样,是因为宝宝想全身心地把自己的感觉表达出来。这对于培养宝宝的自我意识具有重要的意义。父母要一边关注宝宝的成长,一边与宝宝的"不","不行"打交道。

比如说,由于宝宝乱摔东西发出很大的声响,结果反而吓了宝宝一跳。就可以跟宝宝说:"吓了一大跳,是吧。"重要的是,可以让宝宝自己选择自己的行动,但之后要让孩子感觉到产生了什么样的实际后果。

宝宝步行的机能基本上发育完善了

到了这个时期,几乎所有的孩子都能走得非常稳健了。即使跑上几步,也不会跌倒,能够跑得像模像样了。在会走路之后,宝宝的行动范围一下子就扩大很多。而且,这个时候的宝宝非常好动,外出的时候一定要拉着孩子的小手,时刻注意宝宝的安全。

宝宝的"不","不行",表明了自我意识的萌发

宝宝自我意识萌发之后,无论什么事情都喜欢说:"不","不行",

宝宝会用杯子喝东西了

辅食到了结束的时候,也不用奶瓶喝东西,开始会用杯子喝了。虽然有早有晚,即使孩子还不会用杯子,继续练习就好了。

但是,绝对不要勉强孩子做,让宝宝高高兴兴地吃饭,这是最重要的事情。

为了训练宝宝上厕所,让宝宝对厕所有一个概念

该到训练宝宝上厕所的时候了。

要想脱掉尿布，重要的是孩子身体里能够形成这么一个机制，即膀胱尿液存满之后，会给大脑传送信号。这也有个人差异，首先要让宝宝对厕所有一个概念。

可以让宝宝看看冲厕所的情形是怎样的以及如何使用手纸，还可以让宝宝试着在坐便器上坐一坐。在厕所里的一连串动作，都可以让宝宝体验一下，使之在脑海中，有这么一个印象："上厕所原来是这么一回事呀。"而且，可以在尿布还没有被尿湿的时候，让宝宝到厕所里试一试。但是，即使宝宝失败了，也不必责怪孩子。现在这个阶段，首先让宝宝对上厕所有一个感性认识就可以了。

1岁7~9个月宝宝的育儿问答

 走路

Q 学走路比别的小朋友慢。对今后的发育有影响吗？

我家的宝宝在1岁4个月的时候，才开始走路。从月龄上看，我觉得宝宝走路太晚了。与家里的大孩子相比，运动能力也稍逊一筹。这会对今后的发育有影响吗？

A 宝宝都是按照适宜于自己的方式成长发育起来的。

把小宝宝与大孩子相比较，您觉得发育得比较慢，感到很担心。其实，宝宝的成长不会照着教科书所说的那样很教条地进行的。有的孩子在出生后 10 个月就开始步行，还有 1 岁半左右才开始走路的孩子。您的宝宝虽说在 1 岁 4 个月才开始学走路，并不算太晚。每个宝宝都是按照自己的方式慢慢长大的。

在无法预测以后会是怎样的育儿活动中，妈妈总是担心自己的宝宝不如别人，或是觉得发育得慢一点就感到忐忑不安，这种心情我都能够理解。但是，我还是建议您考虑问题的时候，不要总是这么消极，而应该正面地评价宝宝的成长发育。比如说，"哇！宝宝已经长这么大了呀"，"宝宝会做的事情越来越多了"等等。

说话

 我给宝宝读画册，可是他根本就没有兴趣，怎么办呢？

虽然我拿着画册读给宝宝听，但宝宝显得一点儿兴趣也没有。我担心今后会不会影响宝宝对语言的理解和记忆。

 请放心不会影响宝宝对语言的理解。

孩子当中有对画册感兴趣的，也有根本就不感兴趣的。但是，尽管不感兴趣，也不会影响宝宝理解语言和对物体名称的记忆。

而且，宝宝在画册中如果看到了自己喜欢的汽车、虫子之类的东西，会陡然地对画册变得感兴趣。所以，可以根据孩子的喜好，为孩子准备一些能让宝宝开心的、漂亮的画册。

味觉

 这么大的宝宝味觉和大人一样吗？

把柠檬或是梅子放进宝宝的口中，就会喊"酸呀"。这个时期的宝宝味觉和大人几乎一样吗？

 宝宝味觉的发育是在反复尝试中完成的。

宝宝的五种感官（视觉、听觉、嗅觉、味觉、触觉），除了视觉以外，发育得都比较早。刚出生的宝宝依靠嗅觉来找寻母乳，对声音的反应也比较快。而且，研究数据表明，婴儿在羊水中味觉就已经开始发育了。

但是，五种感官并非在出生的时候就已经发育完善，而是出生以后，在生长的环境中不断积累"经验"，一点儿一点儿地发育成熟的。所以说，让宝宝在出生以后，积累经验是非常重要的。

因此，在五种感官还未发育成熟之前，要尽可能不要给孩子太大的刺激。如果突然给予的刺激太大了，那么孩子对于其他比较小的刺激，反应就可能变得比较迟钝。

其中的味觉，将受到各种味道的刺激。要注意的问题是，不要让孩子偏向于人工的味道，而要重视自然的味道。

咳嗽

 宝宝有时候咳得很厉害，老是不停，怎么办呢？

宝宝身体很健康，也许因为是过敏体质，有时候咳得很厉害。

 原因是支气管发炎，未必会转为哮喘。

感冒以后出现类似哮喘的症状，是由于支气管发炎之后，气管变窄的缘故。喉咙出现呼呼的声音，是这种

"哮喘性支气管炎"的特征。但是不见得"哮喘性支气管炎"会转变为"支气管哮喘"。

支气管哮喘会突然地发作起来，如果与感冒无关，哮喘发作的话，最好到儿科请大夫诊断一下。反之，如果总是伴随着感冒发作的话，现在这个阶段则不必担心。

感冒的预防

 为了预防感冒，想让宝宝练习漱口，该怎么做呢？

从外面回来以后，想让宝宝练习漱口，但是宝宝对漱口的意义和方法都还不能理解。为了预防感冒，还有什么好方法吗？从什么时候开始宝宝才会漱口呢？

 宝宝理解漱口的意义和方法，还早着呢。

在这个年龄，要宝宝把水含在嘴里咕噜咕噜之后再吐出来，原本就是不太可能的。到了3岁以后，才能勉强把水含在喉咙深处。现在让宝宝做的话，估计大多数孩子都会把一半的水喝下去。

所以，现在预防感冒的手段，可

以有以下几个：从外面回来，首先马上要洗手；尽量不要去人多的地方；调整好房间里的温度和湿度，注意换气；为了不让孩子晚上着凉，常起来看看孩子盖被子的情况；还可以给宝宝穿上腹带睡觉等等。

最好的预防策略，是父母不要把感冒带进家里。从外面回来，一定要认真洗手和漱口，家里的每个成员都要同时采取预防措施。

吮吸手指头

 宝宝晚上吮吸手指头，对牙齿有没有影响呢？

宝宝由于老是吸吮手指头，大拇指都出茧子了。在齿科检查的时候，大夫说再这么下去的话，会影响上下齿的咬合。白天因为到外面玩耍，很少吸吮手指头。但到了晚上不让吸吮的话，宝宝就不肯睡觉。

 这是宝宝入眠时必须要做的事，还是让宝宝安心地吸吧。

吸吮手指对于婴儿来说是入睡时的一种仪式。是无意识的，是让自己感到安心的举动。所以，难以制止宝宝吸吮手指头的行为。

但是，宝宝并不会一天到晚都吸吮手指头的。白天玩耍入迷的时候一般不会这么做，您的宝宝只是晚上吸吮手指头的话，我看不必干涉。

虽然大夫说会影响上下齿的咬合，但是，并没有明显的证据证明吸吮手指头与上下齿的咬合不好之间有因果关系。所以，如果您判断吸吮手指头对宝宝来说是必要的，就不必太认真了。

大声喧闹

 宝宝可能是想引起我的注意，故意大声喧闹，什么原因呢？

最近宝宝有时大声喧闹，在我制止的时候，宝宝反而笑起来嚷嚷的声音更大了。是否是为了引起我的注意，故意这么做的呢？又应该如何应对呢？

 大声喧闹是宝宝想自我表现。平时多与宝宝交流。

和妈妈在一起的时候，宝宝大声喧闹是为了自我表现。可以说是孩子"走向自立的一步"，而其心理支柱是安心感。正因为妈妈是可以值得依赖的对象，所以可以尽情地喧闹、自由地表现自己。但是，也有不希望宝宝这么折腾的场合，所以该批评的时候，还是要批评的。

平时多和孩子在一起玩耍，充分满足孩子的安心感。这样的话，在孩子想要折腾而被制止的时候，往往效果比较好。

在外面玩耍

 宝宝在外面玩的时候，总是不肯回家。怎么办呢？

我家宝宝特别喜欢到外面玩耍，每天上午下午都带孩子出去玩。但是，就是不肯回家。一般让宝宝玩耍多长时间好呢？

 用事先预告的方式，巧妙地结束宝宝的玩耍。

非常赞成您让宝宝痛痛快快地玩耍。但是，玩得过于疲劳也不太好，所以，要想办法巧妙地结束宝宝的玩耍。

"预告"是一种促使孩子回家的好方法。可以不动声色地向孩子传递回家的信号。比如可以说："肚子快饿了吧"，"今天吃什么好呢"，然后预告回家的时间："还可以玩10分钟"。请妈妈们注意，"还可以玩10分钟"跟"再过10分钟回家"区别是很大的。这是劝说孩子不留任何遗憾跟着妈妈回家的关键。

另外，还有一个好方法，可以在家里放一个等着宝宝回家的东西。比如，把宝宝最喜欢的小熊布娃娃放在家门口，出门的时候，跟小熊说："小熊，我们出去玩儿，你在家好好地等着啊。"到该回家的时候，可以提醒宝宝："不知道小熊现在干什么呢？"把宝宝的注意力吸引到"看家熊"的身上来，宝宝就会说："妈妈，咱们回家吧。"

衣服以及体温调节

 宝宝讨厌穿袜子，我担心宝宝会着凉，怎么办呢？

宝宝不愿意穿袜子，刚穿上就会脱下来。在寒冷的季节我真担心宝宝着凉。

 这正说明孩子健康活泼，用别的方法为宝宝防寒吧。

现在家家都有暖气，在室内可以不必穿袜子。赤脚又容易活动，而且孩子们也喜欢赤脚时的感觉。如果您实在放心不下的话，可以让宝宝穿长裤，或是在地板上铺毯子也可以。

即使在大人感到寒冷的情况下，孩子们的感觉是不一样的。您稍微观察一下正在玩耍的孩子们吧，有的在到处跑动，有的在满地滚爬，还有的在蹦蹦跳跳……所有人都在尽情地活动着身体，尽情地玩耍。理所当然，体温也就随之上升了。

此时的热量会从手心脚心发散出去，穿上袜子的话，孩子们自然会感到难受的。不穿袜子是健康活泼的证明，不必担心。

一直想做的事情，仅此而已。所以，我们必须知道大人和孩子们的差异。

在这个基础上，充分理解孩子的心情，对于那些"帮不上忙"，"帮倒忙"的事情，也应该给孩子挑战的机会。挑战→失败，通过这样的体验，孩子可以学到各种经验，加深记忆。

危险的事情当然应该禁止，但不是简单地说："不许这么做"，重要的是要跟孩子说清理由。然后，再加上一句："等宝宝再长大一点儿，请你来帮忙。"让孩子感到今后还有希望做这件事情。

想帮妈妈做事

 在宝宝想帮妈妈做事情的时候，该怎么办好呢？

宝宝想帮我做各种事情，有时我也迷惑，让宝宝干到什么程度好呢？不让宝宝帮忙的话，宝宝会哭的。

 理解孩子想做事情的想法，就让宝宝挑战吧。

一说到"帮忙"，大人就容易有一种"起作用了"或是"得救了"的印象。但是，作为孩子们来说，是想模仿爸爸妈妈做事情，做一做过去

哄宝宝睡觉

 宝宝钻进被窝以后，却怎么也不肯睡觉，怎么办呢？

宝宝吃完饭以后，困了说要睡觉，刚钻进被窝马上又爬起来玩耍。玩儿一会儿又躺下。反反复复要折腾半个小时以上，怎么也不肯睡觉。

 睡觉前，请陪宝宝玩一会儿吧。

孩子即使躺到床上，一般也会玩上半个小时到一个小时。所以，您就把这近一个小时的时间，作为宝宝睡

觉前玩耍的时间，陪着孩子一起玩一会儿，怎么样呢？孩子再稍微长大一些，活动量加大，体力消耗就会更大，到了那个时候，宝宝由于疲劳，躺下以后用不了多长时间就能呼呼大睡的。

要想好好地睡眠，就一定要告诉孩子：在生活当中，累了以后就要躺在床上，那是非常惬意的事情；躺下以后身体要放松，就会感到非常舒服。您可以在宝宝玩耍之后，和宝宝一起一边躺在床上，一边跟宝宝说："累了吧，你看，躺下来就觉得轻松了，是吧"，"身体放松的话，很舒服呀"。让宝宝渐渐地能感受到疲劳时的感觉和放松身体时的感觉。

午睡

 我想让宝宝睡午觉，可是宝宝却不愿意，怎么办呢？

因为宝宝上午基本上是在公园里玩耍，为了让宝宝能够适当地休息，我一定要让孩子睡午觉。但是最近这段时间，宝宝经常哭着说不愿意睡午觉。

 即使孩子不睡午觉，也要让宝宝有休息的时间。

孩子到了这个月龄，夜里已经能睡得非常好了。不管早上起床怎么样，起床以后就是宝宝活动的时间。即使宝宝玩了很长时间，但依然觉得还没有玩够的时候，或是被什么东西勾起好奇心的时候，尽管此时已经犯困了，孩子还是想继续玩下去的。

但是，这个时期的孩子还不具备玩耍一整天的体力。另外，孩子自身也会感觉到应该调整愿望和体力的关系。因此，大人要提前一步试着劝导孩子："休息一下吧。"

把室内的光线稍微调暗一些，然后和宝宝一起躺下来。即使睡不着，只要孩子的身体能得到休息就可以了。

断奶

 我家宝宝在睡觉和吃饭时，不能离开母乳，怎么办呢？

因为还没有断奶，所以，我在晚上还是不能踏实地睡觉。睡觉前后宝宝要一边吃奶一边消磨时间，吃饭的时候，宝宝要先吃奶后吃饭。我不想等到宝宝自己不想吃奶的时候才断奶。而且，我也实在没有体力了。

 孩子已经做好断奶的准备了，您现在就可以下决心试试看。

这个时期，孩子已经感觉到自己动手吃饭更加开心，也知道了有比母乳更加好吃的东西。而且可以与妈妈保持一段距离，做自己喜欢的事情了。可以说，孩子已经从被母亲抱着才能感到安心的阶段，进入了下一步成长的阶段了。

所以，此时孩子自身已经做好了断奶的准备，如果母亲也觉得到了应该断奶的时候，就可以下决心试试看了。即使宝宝哭着要奶吃，您也能狠心不给的话，往往会出乎意料地成功断奶。甚至可以说，孩子正在等着母亲迈出这一步呢。

之后，您安慰宝宝几句就行了。"哭了这么长时间，哭痛快了吧。"即使一次、两次没能成功断奶，也没有关系。看准时机再试一次。

 自己吃饭

 宝宝总希望让大人喂他吃饭，不愿意自己吃，怎么办呢？

相比较而言，我家宝宝算是什么都吃的孩子。只是不太愿意自己动手吃，想吃的时候总是朝我喊"妈妈"，让我喂。在宝宝肚子饿的时候，不由得一勺接一勺地往孩子嘴里喂。

 要想办法让宝宝自己动手。

撒娇并不是什么坏事，被妈妈宠爱着或是疼爱着的同时，也可以培养出孩子的自立精神。在饭桌上，孩子知道只要喊您一句"妈妈"，您就会喂他。您看孩子多么会撒娇，多么会转动自己的小脑瓜呀。但是，如果在整个生活当中，孩子依赖性都是这样强的话，母亲就要营造一个让孩子自己动手的环境了。

比如说，不要把每个人的饭菜都分好，而是把菜放在大盘子里面。然后说："好了，饭菜做好了，妈妈想从这个煮好的菜开始吃。"这样的话，宝宝也会蠢蠢欲动，学妈妈的样子，"那我就从这个菜开始吃。"或许就会自己伸手吃饭了。

牙齿重叠

 宝宝的门牙前后重叠，是否会生虫牙呢？

在1岁6个月健康诊断的时候，大夫说宝宝左边的门牙长到一起去了，并说恒齿会整齐地长出来的。我担心会不会长虫牙。

 在孩子将来换牙时，请咨询牙科大夫。虫牙要认真预防。

牙齿前后重叠是由于牙齿在长出来的过程中，未能分离开的缘故。就像您所说的那样，在婴儿长乳牙的时候，可以时常看到门牙出现这种状况。以后在孩子换恒牙的时候，基本上不会再出现前后重叠的现象了。但是，往往换牙比一般的孩子要晚一些。所以，到了那个时候，我建议您最好去咨询一下牙科大夫。

牙齿前后重叠根据具体情况各不相同，但由于有凹凸不平的地方，患虫牙的可能性相对来说就高一些。问题是这个时期的孩子很难有喜欢刷牙的，您要给宝宝刷牙，肯定会遭到反抗的。

因此，要适当控制甜的食物，饭后可以让宝宝喝一些水或茶以防止虫牙。1天至少刷一次牙，大人可以用手给孩子刷牙。

牙齿排列

 宝宝乳牙排列得不好看，对恒牙有影响吗？

宝宝有几颗牙齿排列得不太好看，让我多少有些在意。以后对恒牙有无影响呢？

 为了让下颚得到充分的发育，让宝宝养成对稍硬一些的食物要多嚼几次的习惯。

乳牙早晚要换成恒齿，为什么非要经过这一阶段还是一个未解之谜。但是，整个过程是，乳牙为恒牙准备好长牙的场所，以此为基础，再按照下颚的大小，恒牙才陆续长出来。也就是说，现在乳牙的排列，并不是原封不动地就成为恒牙的排列，还要兼顾下颚的大小，才能最后决定恒牙的排列顺序。

孩子开始换牙，最早的4至5岁就开始了。在小学入学的时候，基本上所有的孩子都进入了换牙的时期。在这之前，一定要注意下颚的锻炼。

最近都说下颚小的孩子越来越多

了，一般认为这是吃松软食物的饮食习惯导致的。所以，要让孩子养成对有嚼头的、硬一些的食物，多嚼几次的习惯。因为我们现在知道了，牙齿的排列状况也和饮食习惯有关系。

宝宝已经到了牙科健康诊察的月龄了，那时候可以和牙科大夫询问各种问题。

训练上厕所

 宝宝能坐便器上了，但非要把大便拉在尿布里。怎么办？

宝宝拉大便的时候，会告诉我已经拉出来了。让宝宝去坐到坐便器上拉大便，孩子也很听话地坐在上面，不过马上就会站起来，去拿纸尿布要穿上。穿上之后没过一会儿，就会听到宝宝在喊："妈妈，我拉出来了。"怎样才能让宝宝踏踏实实地坐在坐便器上大便呢？

 这已经是了不起的进步了，坐在坐便器上时别让孩子感到紧张。

从有便意到排泄出来，是有一定的时间的。拉出来的时候孩子已经能够知道了，当孩子能用语言告诉父母的时候，父母肯定会觉得过不了几天，宝宝就能坐在坐便器上大小便了。

但是，现在离孩子凭自己的意识控制大小便还要有一段时间。尽管如此，孩子能告知父母这已经是了不起的进步了。所以，应该好好地夸奖一下孩子："谢谢宝宝，你能告诉妈妈。"

虽然我能够理解您希望宝宝尽早坐在坐便器上大小便的愿望，但是，硬要宝宝坐在坐便器上的话，反而会让孩子感到有压力。如果让孩子觉得紧张，也许就会导致宝宝不能自然地排出大便。早晚有一天孩子会踏踏实实地坐在坐便器上的，请您慢慢地等候着这一天的到来吧。

批评孩子

 我经常会不经意地对孩子说"这不可以"，没关系吧？

由于担心宝宝遇到危险，虽然也想着让孩子自由自在地玩，还是不由自主地说出"这不可以"、"那也不行"的话来，招致宝宝哇哇大哭。如何改进批评孩子的方法呢？

"不可以"这个话不能再说了。对宝宝要具体地解释为什么。

　　重要的是要为宝宝准备能自由玩耍的环境和场所。危险的东西放到宝宝伸手够不到的地方，把危险性降到最低限度。

　　然后尽可能不要用"不可以"这样的说法，因为"不可以"这种说法是完全依靠强力来压制别人。对待孩子，要用孩子能懂得的，具体的表现来说明危险的状况。比如，把头部尖锐的东西拿在手中，跟宝宝说："看到了吗？被这么尖的东西扎到了不得了呀。"或者大人用这个尖锐的东西，在宝宝面前扎一下手，"好疼啊！妈妈受伤了。"把到底哪里危险表演给宝宝看。

　　宝宝在自由自在、轻松舒畅的玩耍过程中，对于危险的事情，妈妈要表现出坚决的态度，告诉不能玩耍的理由。慢慢地孩子也会根据妈妈这种明确的态度，逐渐地调整自己的情绪。

更喜欢模仿别人了

既能搭积木，还能在纸上用笔涂鸦。手指的灵活运用，扩大了孩子玩耍的世界。

手和手指的机能基本上完成发育了

这时候的宝宝，吃饭的时候勺子用得很好，还能用蜡笔涂鸦，手指已经非常灵活了。而且知道如何调节手上力量的大小。比如在搭积木的时候，宝宝会轻轻地把积木垒起来而不会倒塌。

另外，手臂整体上也很有力气。可以拿起比较重的东西，还可以把身体悬挂在单杠上而不会掉下来。

总之，身体发育已经到了这样的阶段，即生活中必要的事情，宝宝基本上都已经会做了。

渐渐地能够说一些像是对话似的语言了

这个时期宝宝会说的单词，虽然是一点儿一点儿地，但却是扎扎实实地在增加。也许有的宝宝还能说一些像是对话似的语言。

如果这时还不太会说话，但只要是在叫宝宝的名字时，孩子能明白，或者跟宝宝说："把那个东西拿过来。"宝宝就能理解并给您拿过来的话，那就没有任何问题了。

是喜欢模仿的时期，趁这个时候让宝宝养成刷牙的习惯

这个时期是宝宝特别喜欢模仿爸爸妈妈动作的时期，利用这个特点，让宝宝养成一些必要的生活习惯。

其中，比较容易见效的是刷牙。当看到爸爸妈妈愉快地刷牙，并且常听到爸爸妈妈在刷牙之后，说嘴里真舒服，恐怕宝宝也会跃跃欲试地说："我也要刷牙。"

但是，这个时期，妈妈把牙刷塞进宝宝的嘴里，帮宝宝刷牙的话，估计宝宝是不愿意的。可以首先让宝宝

用小孩牙刷自己刷,最后结束的时候,只要不至于让宝宝厌烦的程度,可以由父母帮宝宝稍微刷一刷即可。

渐渐地知道了小便之后的感觉

虽然还不能很好地控制排尿,但是在尿完之后,宝宝总会觉得心神不宁,有的还会一瞬间一动不动,还有的会藏到窗帘的背后……也有些孩子看起来知道要撒尿了。有了这些迹象之后,若能以此为契机,引导宝宝去厕所就好了。

但是,这个时期大多数宝宝都还不能做到正常上厕所,父母既不能强迫孩子,也不能着急。

1 岁 10 个月~2 岁宝宝的育儿问答

身材大小

 身高体重都没有增加,难道宝宝体型是小个子吗?

虽然宝宝饭量有时多有时少,总体来说吃得还可以。但是身高体重都没有增加太多,我觉得比平均水平要低一些。是不是就是这种类型的孩子呢?孩子身体非常健康,基本上不感冒。

 体型将来不见得也是这样,宝宝要养成一日三餐好好吃饭的习惯。

现在的年龄个子小,不见得将来也会这样。虽然您的宝宝很能吃,但是由于运动量更大，结果都被消耗掉了。所以说，只要吃得不错，即使体重身高不怎么增加也没有关系。

关于饭量时多时少的问题，对于这个时期的孩子来说并不少见，只是由于肚子不饿而已。需要注意的是，因为孩子不好好吃饭，有的妈妈就用零食代替，特别是如果给孩子吃甜食，饭量就更加不会增加了。所以，一定要让宝宝养成一日三餐好好吃饭的习惯。

先天过敏性皮炎

 先天过敏性皮炎在宝宝 3 岁以后会好转吗？

宝宝在出生 4 个月的时候，被诊断为先天过敏性皮炎。我听说在宝宝 3 岁以后会好转，真的吗？

 耐心等待，直到宝宝皮肤发育成熟。

您的宝宝在出生 4 个月的时候，就被确诊为先天过敏性皮炎，这种实例并不多。而如今由于我没有看到宝宝的皮肤是个怎样的状态，无法做出判断。但是，一般来说，宝宝到了 3 岁左右，皮肤发育成熟的时候，就有

可能好转。

宝宝的皮肤本来就很薄，因此容易变得干燥和粗糙，不会总是湿润和光滑。而负责分泌保护皮肤的皮脂分泌腺，才刚刚开始发育成熟。所以，经常能看到由于抓挠皮肤而引起的炎症。

一旦皮肤引发了炎症，完全治愈是要花费相当长的时间的。也因此容易被怀疑是先天过敏性皮炎。

总之，孩子还处于成长发育的过程当中，您可以把心再放宽一些，注视着宝宝的成长吧。

水疣

 水疣用哪种治疗方法好？是"摘除"还是"涂抹药物"呢？

发现宝宝长水疣之后，请儿科大夫给摘除了。但之后，原来的部位周围又长出来了。去皮肤科就诊的时候，皮肤科的大夫却说，即使现在摘除了，以后还会再长出来的。因此，决定用涂抹药物的方式治疗，但是总是好不了。究竟用哪种治疗方式好呢？

有了"抗体"之后，就能自然痊愈。

水疣（传染性软疣）是一种皮肤病毒感染症。是通过皮肤与皮肤之间的接触，或者以毛巾等为媒介感染的。

在产生抗体之后，大多数情况都会自然痊愈的。但是，要产生抗体是需要一段时间的，有的孩子会一颗接一颗地持续半年左右。

把水疣用小镊子夹住一个一个地摘除，是一种治疗的方法。但是相当疼，而且，还有可能留下疤痕。所以，现在也有一种考虑，就是对水疣不进行处理，等到抗体产生之后自行痊愈。

不管采取哪种方式，都不要自己把水疣弄破。也不要和别人共用一条毛巾。

斑疹

 宝宝长斑疹了，有时痒得睡不着觉。怎么办呢？

宝宝手上长出了斑疹，有时痒得睡不着觉。儿科大夫说宝宝犯困的时候体温升高，就会加剧瘙痒的症状，但是不用吃药。也许是银杏引起的斑疹。

 可以用抗组织胺药剂，用冷却的方法也有效果。

瘙痒让人很难受，夜里痒得睡不着觉也是可以想象的。而且确实在想睡觉的时候，体温会随之升高，这也许是皮肤变得更为瘙痒的原因。正如你所说的那样，银杏是会引起斑疹的。如果您的宝宝得斑疹的原因跟银杏有关的话，就需要用药物进行治疗了。可以用抗组织胺药剂。

另外，冷却一下长斑疹的部位，瘙痒的感觉就会减轻一些。所以您可以给宝宝使用冷却方法。

在过去的生活环境中，自然界的东西非常丰富，像漆树那样能引起斑疹的东西很多。但是，我感到如今身边并不像过去那样，有那么多能引起斑疹的东西了。

但是，最近还出现了沙坑里的沙子导致出现斑疹的事情。由于孩子们玩耍的沙坑里面的沙子，是经过消毒的，据说是消毒剂造成孩子们出现斑疹的。

221

鼻子的清洁

 宝宝不愿意让我给擦鼻涕。怎么办呢？

在季节变换之际，宝宝常常会流鼻涕。但是却不愿意让人帮他擦，或者吸出来。有什么别的方法吗？

 为了找到流鼻涕的原因，最好尽早去就诊。

之所以会流鼻涕，是由于鼻子的黏膜受到刺激的缘故。这种刺激也许是感冒病毒，也许是灰尘，也许是低温造成的。鼻子作为空气通道，对这些刺激会很快就产生反应，而且有久拖不愈的倾向。

如果硬是要把鼻涕吸出来的话，有时这种行为会成为新的刺激因素。

在鼻涕流得很厉害的情况下，首先要考虑排除造成流鼻涕的原因。如果您实在放心不下，请到儿科就诊就能够很快查明原因的。

零食和饮料

 宝宝一天到晚总想喝果汁。怎么办呢？

我家宝宝非常喜欢喝苹果汁，一天中会好多次向我要果汁喝。不给的话就满地打滚大哭大闹，最终还是给孩子喝了。

 有时家里可以故意不放果汁，试试看吧。

到了这个时期，味觉已经相当成熟，自己喜欢的味道也渐渐地清晰起来了。如果宝宝觉得苹果汁好喝的话，给孩子喝多少孩子都不会嫌多的。这也是可以理解的。

但是，宝宝想要大人就给，这种做法在扩大食物的范围方面，以及在保持营养均衡这点上，都是不可取的。

市场上的果汁糖分多，一般来说热量也很高。有数据表明，即使其中纯果汁只含30%，100毫升的果汁里，糖分可达到 10.4 克。

糖分多的话，既不能起到解渴的作用，而且还会影响孩子正常吃饭。

那么，如何应对宝宝想喝果汁的欲望呢？您可以故意忘记买果汁，然后在宝宝想要喝的时候说，"哎呀，对不起，妈妈忘记买了呀。"家里没有果汁的话，孩子再喜欢喝也只能作罢了。

222

发脾气

 遇到不如意的事，任何场合宝宝都会大闹，怎么办呢？

如果有什么不如意的事情，不管在什么地方，宝宝都会号啕大哭。真希望宝宝能够听话一点就好了。

 把孩子的情绪，用容易理解的语言表达出来。

自我意识有了一定的发展，这时最容易听到宝宝说"不愿意"，"不行"，"我自己来做"等等。孩子能够表现出自己的想法和情绪是非常重要的事情，号啕大哭也是表现形式的一种。如果硬要孩子听从父母的话，也许就会扼杀孩子好不容易的表现机会。

最好的应对是把孩子的情绪，用容易理解的语言表达出来，说给宝宝听。比如可以说"没能做好，所以宝宝生气了是吧"，"宝宝想做却不能做，真伤心呀"。

之后，双方在产生共鸣的时候，再向孩子说明为什么不能这么做。"这儿有危险，没有办法玩啊"，"这里是要保持安静的场所，所以，宝宝忍耐一下吧。"通过这样对应，孩子就会慢慢地学会控制自己情绪。

习惯性动作

 宝宝睡觉时，总是要找我的袖子，是否该制止呢？

宝宝睡觉的时候，一边吮吸着手指，一边把小手或者小脚伸进我的袖子里。不这么做似乎就不能安心睡觉。深夜也要找我的袖子，会弄醒我好几次。我觉得到了应该制止的时候了，有什么好的方法和建议吗？

 这只是一时性的，可以想办法改变的。

一边吮吸着手指，一边把小手或者小脚伸进袖子里，这是为了让自己安心而采取的一种行为。除了袖子，还有一些孩子会把手伸到睡裤带皮筋的地方。

对于这样的宝宝，有的妈妈就在睡裤带皮筋的地方缝制一个小口袋，让宝宝把手放到口袋里面。这是一个不错的主意。

还可以给宝宝喜欢的布娃娃穿上一件衬衫，然后对宝宝说："你看，把手伸进这里多好玩儿呀。"只要转移了宝宝的注意力，或许宝宝就会放过妈妈的袖子了。

不管怎么说，像这样的"入睡仪式"都是一时性的。再稍微长大一点儿，随着活动范围的扩大和运动量的增加，身体的疲惫会让宝宝躺下不久就会进入梦乡的。

哄宝宝睡觉

 宝宝不愿在暗的地方睡觉，怎么办呢？

在哄宝宝睡觉的时候，如果把光线调暗的话，宝宝就会发脾气，想在明亮的地方睡觉。深夜醒来的时候也要闹一阵，我不得不在明亮的房间里抱一会儿，宝宝才会再睡觉。我真想让宝宝明白这样一个道理：夜晚＝昏暗＝睡觉。

 不必硬要调暗灯光，优先考虑如何让宝宝安心睡眠。

我想宝宝之所以讨厌昏暗的房间，是因为孩子把不安和害怕与昏暗的光线联想到一起了。所以，如果硬要调暗灯光的话，会让宝宝更加不能在暗的地方睡觉了。

在宝宝睡着之前，可以开着灯，等宝宝睡着之后再关掉。夜里宝宝醒来的时候，可以打开台灯，让屋子里稍微亮一些，然后再安慰宝宝几句："没关系，妈妈在这里呢。"还可以握握宝宝的小手，或是抚摸着宝宝的后背使之安心下来。

这样的话，慢慢地宝宝就会明白一个道理，即"尽管光线昏暗，但是妈妈在我的身边，可以安心睡觉"。过不了多久，宝宝睡觉就不需要灯光了。

饭量

 宝宝既挑食饭量又小，怎么办呢？

宝宝饭量时多时少，平均起来一般只吃饭碗的四分之一，饭量很小。蛋白质的来源除了豆制品以外，肉、鱼以及鸡蛋等食品根本连碰都不碰。怎么做才能让宝宝不再挑食而且能多吃一点儿呢？

 挑食、饭量小，先不要下这样的结论。首先要让宝宝养成坐在饭桌前的习惯。

在这个时期，宝宝饭量时多时少，这不吃那也不吃，这些都是很自然的事情。逼着宝宝吃反而会起反作用的。让宝宝感到吃饭是一件很快乐的事情，是促使宝宝多吃，什么都吃的最重要因素。

挑食、饭量小，在现在这个阶段先不要下这样的结论。不管吃还是不吃，每天都要让宝宝养成好好地坐在饭桌前的习惯。

以后，随着运动量的增加，身体就会需要更多的能量。那时，饭量就会自然而然地变大，什么都会吃得很好的。所以您耐心地再观察一段时间吧。

考虑的了。但是，如果顺其自然的话，谁能知道宝宝什么时候不想喝了呢？

所以，如果您担心长虫牙，或是您自身夜里睡不好觉的话，也许现在正是断奶的好时机。因为过了这个时期，一般来说就只好等着顺其自然地断奶了。

宝宝睡觉的时候，可以让爸爸陪着他睡，当然还有其他各种方法。除了吃母乳以外，宝宝如今应该已经有了各种玩耍的体验了，所以，我想现在断奶并不是很难的事情。

哺乳的烦恼

 夜里要频繁地给宝宝喂奶，这样下去好吗？

深夜，宝宝老是想吃奶，但我担心这样下去会不会得虫牙。是否应该顺其自然，直到宝宝不喝了为止呢？

 现在正是断奶的好时机，试试看吧。

宝宝老是想吃奶，我想这是因为宝宝睡眠比较浅的缘故吧。并非是因为营养方面的需求，而是养成了这种习惯。在这个时期，是主动地断奶，还是顺其自然，完全要看妈妈是如何

训练上厕所

 如果宝宝能告知父母要上厕所，是否就可以开始训练宝宝上厕所了呢？

最近，宝宝如果大小便了就会立刻告诉我。是否可以开始训练宝宝上厕所了呢？

 不能急于求成，要反复诱导。

所谓训练宝宝上厕所，就是先跟宝宝说，想上厕所的时候，跟大人说一声，然后宝宝能采取相应的行动。但是对此不能急于求成，这是因为大

225

小便之后告诉大人与大小便之前告诉大人，区别是很大的。

训练宝宝上厕所的时候，让宝宝自身去体验"有便意"→"试着坐在坐便器上"→"拉出来了"这一过程是非常重要的。早上起床之后，或者吃饭之后，都可以对宝宝说"去趟厕所怎么样"，"拉臭臭吗？"也就是说，要预先掌握好宝宝大小便的"瞬间"，并在此基础上反复地诱导宝宝上厕所。

即使您提醒宝宝去上厕所宝宝不愿意去，结果可能就会拉在裤裆里。这时不要责怪孩子，而要说："下次告诉妈妈啊。"不要让宝宝感到有什么压力，要耐心地反复地诱导宝宝上厕所。

与小朋友的关系

 宝宝不肯把自己的玩具给别的小朋友玩。怎么办呢？

即使是宝宝自己平时不感兴趣的玩具，但当看到别的小朋友想玩的时候，就会立刻上去把别人推开。可能是很少与别的小朋友接触的缘故，宝宝不会对别人表示谦让。

 父母要作宝宝和其他小朋友的代言人。

这个时期的孩子依然是以自我为中心来思考和行动的，还不会站在别人的立场来考虑问题。当孩子明白了对方的立场，也能理解玩具是谁的了以后，才会把自己不用的玩具让给别的小朋友玩。

在这个时候，大人用语言来表达双方的立场就显得非常重要了。"这是宝宝的小汽车，但是，这个小朋友也想玩一会儿，借给小朋友玩一会儿吧，小朋友一定会很高兴的"，"用这个玩具和这个小朋友的汽车换一下，一起玩儿，怎么样"等等。

过集体生活

 宝宝常常一个人玩耍，是否应该让宝宝过集体生活呢？

宝宝即使去公园玩，也从来不到别的小朋友中间去，总是一个人自己玩。其间常常还会双手伸向父母撒娇，是否应该尽早让宝宝过集体生活呢？

 现在正是宝宝依赖妈妈的时期，没必要刻意与孩子分开。

这个时期的孩子，即使注意到了

别的小朋友的存在，让他们一起玩耍还是比较困难的。特别是现在大都是独生子女，家里没有兄弟姐妹可以交往，使得孩子更难以和别的孩子一起玩耍了。

正因为父母是宝宝的依靠，才会有孩子把双手伸向爸爸妈妈撒娇的现象发生。在目前的成长阶段，孩子撒娇是理所当然的事情。因此也没有必要有意识地把孩子从父母身边分开，让宝宝去过集体生活。

在这个时期，孩子一边依赖着身边的爸爸妈妈，同时在各种场合接触别的小朋友以及他们的爸爸妈妈。通过这种接触，宝宝渐渐地就会对自己产生自信。随着这种自信不断地增强，自然而然就会和别的小朋友一起玩耍了。

孩子撒娇

 我再次怀孕之后，孩子就变成撒娇包了，怎么办好呢？

我现在又怀孕了。这段时间，孩子简直就成了撒娇包，一天到晚动不动就要我抱。我也有意识地尽量满足孩子的要求，只是等到小宝宝出生以后，我应该如何对待现在这个孩子呢？

 尽量采取抱以外的方式，与孩子增进感情。

这说明孩子已经敏感地察觉到了怀孕以后的妈妈和以前不一样了。不停地央求妈妈抱，是因为担心妈妈以后不会再像以前那样经常地抱自己了。

母亲从现在起就要提前采取措施了。在被孩子央求抱他之前，可以拉着孩子的小手；抚摸孩子的脸颊；或者母子两人躺在沙发上进行交流。总之，最好采取抱以外的方式，与孩子增进感情。这种与妈妈交流感情的愿望得到满足之后，就不会老让妈妈抱了。即使您跟孩子说："对不起啊，现在妈妈已经不能抱你了。"孩子也会慢慢地理解的。

在小宝宝出生以后，应该注意的问题是，不要把大孩子称为哥哥或者姐姐，而要有意识地喊孩子的名字。另外，父母不要忽视大孩子的感受，最好是在照顾小宝宝的同时，还能兼顾与大孩子聊天。

第四章
帮您解决 2～3 岁宝宝成长的烦恼

自我主张变得更强烈了

"讨厌的东西就是讨厌!"对于孩子的这种强烈的自我主张,爸爸妈妈也无可奈何。

孩子已经长出了 16 颗牙齿

虽然有个体差异,孩子在这个时期基本上都长出了 16 颗牙齿。孩子吃的食物,除了强刺激性的食物以及难以消化而会造成肠胃负担的食物以外,基本上都能吃了。从 1 岁半到 2 岁多的期间,是饭量不稳定以及挑食比较严重的时期。这是由于在很大程度上受到了孩子强烈的自我主张的影响,孩子会明确地表示:"讨厌的东西就是不吃!"父母千万要注意,别让孩子的这种挑食成为习惯。因此,可以在饭菜的制作上下

一点儿工夫,而且,即使孩子不爱吃,也要不厌其烦地摆在桌子上。

孩子还不到使用筷子的时期,先把勺子用熟了再说

使用勺子的熟练程度,顺序是由大把抓变为用手指捏住勺子,可以用手腕的力量盛起食物,往嘴里送。

如果勺子仍然用得不熟练的话,在这个时期,就可以考虑尽量多让孩子使用勺子吃饭。对于培养吃饭的欲望,对于练习自己吃饭的本领以及对于记住自己一口饭究竟有多少,勺子都是最好的吃饭用具。

如果孩子看到父母用筷子,自己也想试着用筷子的话,可以把筷子和勺子一起摆在孩子面前。但是,对于孩子来说,要熟练地使用筷子,还早着呢。

孩子的自我主张开始变得强烈起来

自我意识萌发以后,孩子的自我主张变得相当强烈。但是由于自己的能力一时还跟不上,当事情的发展不能与自己的想法一致的时候,孩子就会变得焦躁不安,有时还会发脾气。这时爸爸

妈妈如何应对就显得非常重要了。

比如孩子推开父母的双手，想自己来做却又没有做好的时候，要说："真可惜，就差一点点。" 要这样一边鼓励孩子，一边不动声色地帮孩子一把。然后，在成功的时候，还要表扬孩子。对孩子成功的肯定，能够消除孩子的焦躁情绪。

能有模有样地模仿大人和电视里的动作

孩子看到爸爸妈妈的动作以及电视里出现的动作，都能模仿得非常好。父母与孩子一起玩儿的话，会感到非常开心。

词汇的数量和种类掌握得越来越多。类似"狗狗，来了。"这样的双词汇语言，也开始会说了。

2 岁半之前宝宝的育儿问答

步行

 孩子学会走路已经 1 年多了，却还是常常摔跤。怎么办呢？

孩子从开始走路到现在已经过去 1 年了，却还是常常被绊倒，摔跟头。是不是腿脚比较弱呢？

 腿脚会随着时间的推移以及经验的积攒而越来越结实。

您要问："孩子是不是腿脚比较弱呢？"我只能回答说："是的，是比较弱的。"这是因为从会走路到现在才仅仅 1 年的时间，步行的时候所需要的肌肉，是需要在步行中锻炼的。即使是活泼好动，满屋子乱跑的孩子，也依然一样，从会走路到现在才仅仅1年的时间啊。

好奇心旺盛的孩子，总是朝着目标笔直地奔过去，以为这样就能简单地把对象物抓到手里。但是，由于腿脚的成长发育还跟不上孩子的想法，所以，才会发生被绊倒、摔跟头的现象。而这些经验对于孩子的成长来说是非常重要的。有时候走得好，有时候又会摔跟头。在积攒经验的同时，如何走路才能保证安全不摔跟头，孩子会慢慢地、自然地掌握的。所以，请尽可能多带孩子出去玩耍，腿脚才会越来越结实。

 指甲

 父母的指甲都是内陷甲，孩子会不会也是这样呢？

最近，孩子脚上的小拇指指甲剥落以后，新指甲已经长出一点儿了。因为父母的指甲都是内陷甲，所以，我担心孩子会不会也是这样呢？

要经常给孩子剪指甲，直到指甲发育比较坚硬为止。

依然又软又薄，呈勺子状的孩子的指甲，稍微碰到什么东西就容易剥落。随着成长发育，渐渐地就会变得结实，而且形状也会正常起来。关于内陷甲的问题，我认为现在不必过于担心。

别让孩子的指甲长得太长，要经常给孩子剪指甲，在剪指甲的时候，剪得仔细一些，把指甲边缘修整得更加圆滑。

 眼睛

 孩子白眼球上的黑点，今后会影响视力吗？

在孩子的白眼球上，天生就有一个小黑点。在健康诊断的时候，大夫也没有说什么。我只是担心将来会不会影响视力。

不会影响孩子的视力的，不必担心。

我想小黑点估计是由于带色素的细胞混进白眼球造成的。叫做"巩膜色素痣"，把它当做一种斑痣来考虑好了。

这个黑点既不会影响视力，也不妨碍视线。而且，将来也不会出现变大、增多的现象。

在健康诊断的时候，大夫之所以

对这个黑点不加理会，是因为这不是什么疾病。白眼球上出现黑点，是常有的事情，不必担心。

突发性发疹

 有不得突发性发疹的孩子吗？

我听说不论哪个孩子都会得一次突发性发疹，目前我的宝宝还没有得过这种病。有不患突发性发疹的孩子吗？

 可能是已经感染了，只是症状不明显而已。

婴儿头一次发烧，往往是由于患突发性发疹造成的。一般认为婴儿都会得这种病。您觉得您的宝宝没有得过这种病，估计是症状没有表现出来。被称为"不显性感染"，虽然已经被病毒感染，但是症状并不明显，没有被发现。

突发性发疹有时也会出现虽然发烧但并不发疹的情况，还会出现由于症状不太明显，以至于父母都没有注意到，病就已经好了的情况，甚至还有人以为是长痱子了。所以，我估计您的宝宝患突发性发疹的时候，您没有注意到的可能性比较大。

身体的免疫力起作用的时候，就会与病毒以及细菌作斗争。所以，即使已经被感染了，并非身体一定就会"发病"。与其在意"尚未感染上"，不如为了今后不让宝宝得别的疾病，对孩子的健康状况多加注意。

打鼾

 对孩子打鼾困惑不解。什么原因呢？

孩子在婴儿车或在汽车婴儿座椅上睡觉的时候，有时会鼾声大作。回家以后躺到床上的话，鼾声就会停止。是否有什么应该注意的问题呢？

 要让孩子平躺着睡觉。

扁桃体肥大的话容易睡觉打鼾，但是这么小的孩子一般不会出现扁桃体肥大的情况。再说您的宝宝只是在婴儿车或在汽车婴儿座椅上打鼾，躺到床上的话，鼾声就会停止。所以，恐怕还是睡觉姿势造成的吧。

坐着睡觉的话，无论如何脖子都容易向前倾斜，或歪向两边，使得气道受到压迫，发出打鼾的声音。

尽量让孩子平躺着睡觉。如果这么做了还是不停地打鼾的话，请最好到儿科向大夫咨询一下。

入睡前折腾

 孩子犯困时，行动就会很奇怪。是否神经方面有毛病呢？

我家孩子从很小的时候起，一犯困身体就会摇摇晃晃，行为也变得非常莽撞。因为怕孩子撞到家具，直到孩子睡着为止，我一直都是提心吊胆的。是不是神经方面有什么毛病呢？随着年龄的增长，这些症状会慢慢地减轻吗？

 这是由于孩子还不能做到好好入睡，所以才会这样。

大人在犯困的时候，身体和心理都能马上做好进入睡眠的准备，而孩子还不能很好地做到这一点。身体变得摇摇晃晃就是这个缘故，在入睡之前都要折腾一阵。今后随着行动范围的扩大以及随之而来的活动量的增加，身体自然就会要求休息。到那时，孩子只要一犯困，就会立刻睡着的。现在距离这个阶段还差一步。

您怀疑孩子在神经方面或许有什么毛病，这个其实完全没有必要。因为如果孩子真有什么毛病的话，就不仅仅只是在睡觉之前，在其他的时间也应该会表现出某些征兆。

如果您害怕孩子摇摇晃晃撞到家具的话，可以在容易碰到的地方贴上缓冲垫。这样即使撞在上面，孩子也不会感到太疼。

预防疾病

 如何预防孩子在幼儿园感染疾病呢？

马上就准备把孩子送去幼儿园了。听别的家长说，进幼儿园以后半年左右会经常得病的。我应该采取哪些措施呢？

 传染给别人或者被传染，在这个过程中锻炼孩子的身体。

孩子在开始过集体生活以后，就不可能完全避免把疾病传染给别人或者被别人传染，您要有这种思想准备。

但是，没有必要把被别人传染上疾病看成是不好的事情。孩子还是处在发育的过程当中，通过不断地与疾病作斗争，还能够提高自身的免疫力。我们不是经常听到人们这么说吗？

"小时候经常感冒，但大了以后身体可好了。"所以，请您也这么考虑：在小时候积攒下来的免疫力，可以使人有一个健壮的身体。

当然，虽说如此，预防疾病依然是非常重要的事情。从幼儿园回来之后，要马上洗手。也许还不会漱口，但可以跟孩子说："喝一点儿水，咕噜一下怎么样呀？"对孩子进行劝导尽快养成这种习惯。

另外，如果在幼儿园听到感冒在流行的消息时，就要小心别让宝宝肚子着凉并让孩子保证充足的睡眠。

使用筷子

 什么时候孩子能学会用筷子呢？

孩子虽然对筷子非常感兴趣，但是还是不太会用。把叉子递到孩子手里，却不愿意用，筷子也不撒手。

 比起叉子来说，勺子更能代替筷子。

这个时期孩子的特征，就是喜欢模仿大人的动作，所以，会对筷子产生浓厚的兴趣。但是，筷子是用活动手指的方法来捏住的，而且两个筷子的动作方式也不相同。双手以及手指机能的发育虽然有个体差异，还要等到孩子三岁以后才能完全使用筷子。

要让孩子在生活的各种场合下，尽可能多地活动手和手腕以及手指。可以让孩子用蜡笔或圆珠笔画画、写字，有意识地为孩子创造动手的机会。

叉子是叉到食物上，然后才往嘴里送的，这与筷子完全不同。吃饭的时候，同时为宝宝准备好筷子和勺子。如果筷子还是用不好的话，就让孩子使用已经习惯了的勺子吧。

孩子固执

 我家孩子特别固执，怎么办好呢？

孩子对什么事情都显得特别固执，真让我感到头疼。去超市肯定老是要买同样的点心，在家里也是玩固定的玩具，在吃东西的时候，光吃自己喜欢的东西。

 认可孩子的这种固执，让孩子看到父母开心的样子。

在有了一定的自我意识并且喜好变得明显之后，对于自己喜欢的东西就会显得特别固执，这也是很自然的

235

事情。绝不是什么让人为难的事情，所以要认可孩子的这种固执。如果是孩子喜欢的点心，就说："宝宝喜欢是吧，很好吃的哟。" 如果是孩子喜欢的玩具，就说："颜色真漂亮，真好看呀。"孩子得到父母的认可之后，心理上就会得到很大的满足。这是让孩子把注意力转向别的东西的第一步。

之后的第二步，是营造一个周围有各种东西的环境，让孩子看到父母在这种环境中开心的样子。比如说吃饭时吃得很香的样子，父母玩玩具时兴高采烈的模样。孩子在心理上得到满足的话，必定会对父母正在做的事情感兴趣而加以模仿。

这第二步的效果是极其明显的。

气质和性格

 不愿和大家一起玩耍，是不是性格造成的呢？

孩子总是踏实不下来，而且不和大家一起玩。比如不参与大家的读画册活动，也不和大家一起玩游戏。总是一个人跑到别的地方去玩，或是在旁边做其他的事情。这是不是性格造

成的呢？

 您担心的孩子这种"性格"或许是与众不同的个性。

如果您仔细观察孩子的话，或许能够发现孩子不同的另一面。比如虽然看起来孩子总是踏实不下来，其实是因为孩子好奇心旺盛的缘故；不和大家一起玩游戏，是因为正在热衷于其他的事情。经常有这样的情况，父母所担心的，不过是孩子与众不同的个性。

画册也是如此，一定会有孩子喜欢的画册。父母可以把孩子的这种行为理解为孩子并不是"不参与大家的读画册活动"，而是正在寻找自己喜欢的画册呢。

生活规律

 如果孩子玩耍时间太长，午睡和晚睡就很晚。怎么办？

孩子在外面玩得很开心，因此就让宝宝放开了玩。结果常常是从下午4点开始午睡，睡了一个小时左右之后，再把孩子喊醒，因此造成宝宝情绪不好。晚上睡眠时间和大人差不多。怎样调节时间好呢？

关键是清晨早起和上午到外面玩耍。

孩子如果是从下午4点才开始睡午觉的话,夜里不可能早睡,所以先从这里入手吧。关键是早上让孩子早一些起床,之后上午可以在外面痛痛快快地玩儿。而且,到了中午玩耍要马上结束。下午要为孩子准备一个好的午睡环境。

大人可以先躺在床上,给孩子做一个榜样。如果上午充分活动的话,孩子应该也容易入睡。一般在3点左右结束孩子的午睡,为了营造一个起床的气氛,可以跟孩子说:"该起床了吧","妈妈想和宝宝一起去买东西啊"等等。

在这个基础上,把晚上睡觉的时间适当提前30分钟左右,直到正常为止。

吃饭规矩

Q **孩子总是用手抓饭,是否要让他养成用勺子的习惯呢?**

孩子还不太会用勺子和叉子吃饭,总是直接伸手去抓。是否应该稍微严厉一些,让宝宝养成用勺子吃饭

的习惯呢?

 现在还是练习期间,不必心急。

孩子要做到熟练地使用勺子和叉子,比大人想象得要难得多。只有在手指、手腕以及胳膊肘等各个部分的连动比较顺畅之后,才能顺利地把食物送到口中。孩子会跨过一个又一个的难关的,父母耐心地等待着吧。

在这期间,即使孩子用手抓着吃,也不要训斥孩子。只需说一句:"太好吃了,是吧。"这样的话,能让孩子享受到吃饭时的乐趣,可以激发孩子吃饭的欲望。

另外,在饭菜的种类上也可以想想办法。比如,可以给孩子准备容易用手抓的炸薯条和小西红柿,同时也有无法用手抓着吃的煮菜和酸奶等食物。这样可以提高孩子用勺子吃饭的积极性。

与其他小朋友之间关系

Q **孩子的玩具被别人抢走了,也没有什么反应,怎么办呢?**

孩子在和别的小朋友玩的时候,老实巴交地总是让着别人,这让我有

些不安。甚至自己的玩具被别人抢走了，也没有什么反应，什么都不说。也不会主动向其他小朋友借玩具玩儿，这么下去怎么办呀？

 孩子的气质各不相同，行动方式也各式各样。

在父母看来，"老实巴交地总是让着别人"，"想说却不敢说。"这实在是太令人着急（太没有出息）的行为了，其实这大都是由于孩子的气质产生的自然行为。

如何提出自己的主张，如何处理与他人的关系，可以说每个孩子都不一样。当感到自己的行为可能会发生矛盾的时候，于是退一步让着别人，这也是一种自我主张。当自己的玩具被别人抢走了；"嗨，算了吧"这种想法，也是适合于孩子气质处理人际关系的方法。父母是没有必要担心的。

此时，父母在孩子面前，要对孩子的这种行为表示赞同。"玩具被抢走了，是小朋友不好。算了，借给小朋友玩吧。"父母的这种赞同的语言信息，能够赋予孩子以极大的勇气。

2岁半至3岁

运动能力更强了

既能赛跑，又能跳跃！在外面能充分活动身体尽情地玩耍。

孩子跳跃时身体能很好地保持平衡

孩子从蹒跚学步开始，随着足部机能的发育越来越完善，可以在保持身体平衡的同时，能做很多动作了。比如，奔跑、踮着脚尖走路、抓住扶手上台阶等等。

到了这个时期，在高低不平的地方会做跳跃的动作；还会有节奏地左右腿交叉着跳着走。所以，父母应该尽量带孩子去像公园这样的地方，为孩子创造能够自由活动的机会。

孩子到3岁的时候，会长齐20颗牙齿

孩子在3岁左右，最里面的臼齿长出来以后，20颗乳牙就算长齐了。因此，需要认真保护孩子的牙齿。

要想让孩子喜欢刷牙，就要研究一下孩子的心理。因为自我意识已经萌生出来了，用类似"该刷牙了"，"不刷牙不行"这样生硬的语气，会招致孩子的逆反心理。最好用把决定权交给孩子的语气说话，比如可以说："试着刷刷看"，"刷牙吧"，"刷不刷呢"等等。

调整好孩子的生活规律

孩子有一定的体力之后，有些孩子就不睡午觉了，甚至有些孩子还会和大人一样晚上很晚才睡觉。

孩子在这个时期，生活规律很容易发生紊乱。所以，父母要有意识地把孩子起床、睡觉以及吃饭的时间固定下来。因为不论哪一项都是进入幼儿园以后，能否顺利地过集体生活的关键问题。

239

孩子的个性开始显露了，父母满怀兴趣地注视着吧

孩子都是按照自己独特的方式成长发育起来的，所以，所谓"孩子到了2岁以后应该有这样的运动能力，运动量也应该能够达到这种程度"等等，这不过是一个大致的标准。只要孩子喜欢，就让孩子自由自在地活动身体，对于孩子来说，这才是真正的"适度"。

在这个时期，孩子的智力也在迅速地提高。所以，在游戏当中开始显现出孩子的个性。在与别的小朋友交往当中，被欺负或者欺负人，甚至光是被人欺负等等，已经可以看出孩子们之间的强弱关系。这些都显示出了孩子们的个性，大人要一边防止孩子发生危险的事情。同时，还可以饶有兴趣地观察，已显露出来的自己孩子的个性。

2 岁半至 3 岁宝宝的育儿问答

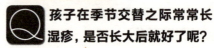

湿疹

Q 孩子在季节交替之际常常长湿疹，是否长大后就好了呢？

孩子到了季节交替之际（特别是初春到初夏），从胳膊肘到手腕以及脖子的后面，经常因为长湿疹而造成皮肤红肿。大夫说是幼儿湿疹，所以不必担心。是不是只有等到孩子长大，皮肤发育成熟之后才不会这样呢？

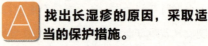

A 找出长湿疹的原因，采取适当的保护措施。

孩子长湿疹的原因各不相同，所以，首先要找出您的孩子长湿疹的原因究竟是什么。

240

在季节交替之际，气温时冷时热，特别是春夏交替之际天气是变化无常的。是不是在比较热的日子里也给孩子穿得肥嘟嘟的呢？通常认为夏天容易起的痱子，在别的季节也能看到的。

有时，孩子触摸的东西也会引起皮肤炎症，长出湿疹的。这叫做"接触性皮肤炎"，即所谓的皮肤红肿状态。沙坑里的沙子，化学纤维以及金属都有可能引起皮肤发炎。

我没有实际给您的孩子诊治，所以无法判断出究竟是什么原因。您可以把造成长湿疹的各种原因整理一下，看看哪一条与您的孩子相符。之后再采取适当的保护措施。

肥胖症

 孩子非常能吃，将来会得肥胖症吗？

孩子饭菜吃得很好，这让我感到非常欣慰。但是，如果是孩子喜欢吃的食物的话，居然能和大人吃得一样多。肚子已经是个小将军肚了，屁股上也满是脂肪。因为我听说在小孩3岁的时候，就能决定将来是不是会得肥胖症。所以，我特别担心。

 这是普通的幼儿体型，注意充实饭菜的内容。

孩子的肥胖症对于母亲来说是一个相当大的烦恼。

您非常在意孩子的小将军肚，其实这是由于这个时期孩子的腹肌还没有充分发育，孩子们大都呈现这个样子。等到腹肌发育完善之后，自然肚子就会收回去的。另外，关于孩子屁股上的脂肪，在这个发育阶段也是很自然的现象。

您担心的事情对于幼儿的体型来说，都是正常的，所以，在这个阶段没有必要担心肥胖症的问题。所谓"小孩3岁的时候，就能决定将来是不是会得肥胖症"这是完全没有科学根据的。

至于说与大人一样的食欲，关键要看孩子有无偏食的现象。因为偏食有时是导致肥胖症的原因之一，不要把孩子喜欢吃的食物一下子都摆到桌子上来，而要同时端上其他各种食物，让饭菜丰富一些比较好。饭菜的种类增加的话，孩子即使不吃那么多，也同样会感到满足的。

吮吸手指头

 孩子犯困的时候总是吮吸手指头，会不会长成龅牙呢？

孩子马上都快 3 岁了，吮吸手指头的毛病还是改不了，犯困的时候总是吮吸手指头。牙科大夫说我家的孩子门牙长得有些突出，我真担心这样下去会长成龅牙。

 吮吸手指头不会持续太久了，看到的话可以提醒孩子。

孩子在过了 2 岁之后，无论是在运动机能方面还是在智力方面都有很大的进步。孩子开始把精力投向外部，因此会主动地去拿玩具玩耍，一般来说吮吸手指头的现象就会逐渐地减少。

而且上幼儿园之后，在与小朋友们的交往中，社会交往能力也得到了锻炼。这样，（作为一种独自玩耍的游戏）吮吸手指头的行为就会慢慢地看不到了。

因为吮吸手指头的这种行为，和性格以及生活习惯也有关系。所以，存在着一定的个体差异。如果 3 岁之前，只是犯困的时候才吮吸手指头的话，我估计稍微过一段时间，就不会再这样了。

如果 3 岁之后依然持续的话，就可以直接提醒孩子："别再吃手指头啦。"使孩子能够自己觉得不该这么做了。

独自一人玩

 在孩子独自一人玩耍的时候，应该如何跟孩子说话呢？

在孩子独自一人玩耍的时候，我总是掌握不好跟孩子说话的时机。我觉得过多地和孩子讲话，会影响孩子的注意力。我也不知道孩子在看电视的时候，是否应该跟孩子说话。

 首先给孩子一个精神准备的预示信号。

如果要跟孩子说话，而孩子正一个人玩着的话，可以在与宝宝目光相对，或者抬起头来的时候，抓住时机跟孩子说话。还有一种方法是妈妈在旁边自言自语，同时观察孩子的反应。比如说："饭菜都做好了呀"，"我想出去买点东西呀"。这么嘟囔一下，孩子往往就会把注意力转到这边来了。或许马上会说："妈妈，我要吃饭。"

在无论如何必须要跟孩子说话的时候，可以采用只适用于大人的方式，就是应该给孩子一个精神准备的预示信号。比如说："对不起宝宝，妈妈打扰你一下可以吗"，"宝宝，能听妈妈说几句话吗"，"你好！妈妈跟你说话可以吗"等等。

因为您干扰了孩子的注意力，当然在语言上要婉转一些了。

 上幼儿园

Q 自从我重新工作以后，与孩子的对话少了。怎么办呢？

我重新工作以后，就把孩子送到幼儿园去了。由于担心母子之间的对话会变少，在接孩子回家的时候，总是想方设法尽可能地与孩子聊聊天。"今天在幼儿园做什么事情啦"，"开心不开心呀"等等。另外还有什么更好的交流方法呢？

 母子一起行动，也是对话的形式之一。

您担心母子之间的对话会变少，其实母子间的交流并不仅仅限于说话。去幼儿园迎接孩子的时候，可以亲热地抱抱孩子，在往家走的路上还可以手拉着手唱着歌回家等等。对于增进母子感情，这些都不亚于母子间的会话。

另外，一起行动也可以促进母子之间心灵的沟通。比如在从幼儿园回来的路上说，"咱们先去买东西然后再回家吧。"然后让孩子帮忙拎着购物袋。在吃饭之前说，"该吃饭了，帮妈妈把筷子摆上，好吗？"

请孩子帮忙做吃晚饭的准备。这样就足以弥补减少的对话。

而且，由于孩子上了幼儿园，孩子才能够与老师、小朋友们进行广泛的交流。请您这样把事情往好的方面想。

 打人

Q 如果有小朋友不顺从自己意愿的时候，就会打小朋友。怎么办呢？

孩子想要玩具的时候，就会打小朋友，把玩具抢过来。若不能如愿，就会大哭大叫，让人不知如何是好。不管怎样跟孩子说不许打人，都没有用。

要想让孩子能够控制自己的感情，就要注意平时大人对孩子的态度。

孩子能够控制自己的感情，是要花相当长的时间的。这期间需要大人与孩子进行充分的交流。

重要的是，此时父母要表现出对孩子表示理解的态度。"你想要小朋友的玩具是吧。"然后，跟孩子说："打人的话，小朋友会疼的呀。挨打的人，怎么会把玩具借给你呢？"如果孩子还是不住手的话，就暂且把孩子拉开吧。

在平时的生活中，让孩子能感觉到被人理解，心理上也能够得到满足，这是非常重要的事情，这样就比较容易控制住自己的感情。所以，除了必须禁止的事情以外，其余的都可以把心放宽一点，让孩子自由自在地活动。

收拾整理

 孩子不肯收拾整理自己的玩具。怎么办呢？

让孩子和我一起收拾整理玩具，可是孩子不感兴趣的时候，根本就不答理我。如何才能让孩子帮着收拾玩

具呢？另外，给孩子准备一个什么样的玩具箱好呢？

 大人首先给孩子展示一个收拾整理之后舒适的环境。

因为现在孩子还不能理解收拾整理究竟有什么意义，所以，大人要在吃饭和入睡等生活片段中，给孩子展示收拾整理的场面。"宝宝你看，收拾好了的桌子吃起饭来多舒坦呀"等等，让孩子感到收拾整理的意义。

收拾玩具时，最好能以大人为中心，让孩子起一个辅助的作用。比如可以用这种方式跟孩子说："让小兔子坐在狗熊的旁边吧。"这样往往孩子会听您的话，动手帮忙的。

关于玩具箱，可以把牛奶纸盒或饮料塑料瓶纵横各三排粘成蜂窝状。孩子可以以玩耍的感觉，把玩具汽车以及小布娃娃塞到各个"小房间"里。

作息时间

 入睡时间过晚的话，是否会影响孩子的发育呢？

我听说在晚上 8 点至 9 点左右睡觉的话，会大量地分泌发育荷尔蒙。但是，在这个时间我家的孩子根本不

肯睡觉。这是否会影响孩子的发育呢？

 早睡早起，对于孩子来说非常重要。

包括人类在内的动物体内都存在生物钟，因此，才会在清晨天亮的时候醒来，晚上天暗下来以后，觉得困乏。人类的身体也是按照这种规律运行的，荷尔蒙的分泌周期就是其中的一种表现。在夜里分泌发育荷尔蒙早已是被确认的事情了。

但是，孩子的身体发育，包括荷尔蒙的分泌尚未完全成熟，还处于成长的过程之中，所以，有规律的生活是极其重要的。夜里要早睡，清晨天亮以后要按时起床。这样一个正常的睡眠规律是孩子健康成长的基本条件，在这个意义上，要让孩子养成在晚上9点之前睡觉的习惯。

吃饭时的规矩

 孩子吃一口饭，就站起来，怎样培养吃饭的规矩呢？

孩子吃一口饭，就站起来离开，咽下去之后又返回来吃。这个样子我都不好意思带孩子到外面吃饭。我希望让孩子在吃饭之前对大人说："我开始吃了。"离开桌子的时候说："我吃好了。"

 您可以改变一下吃饭的环境，使孩子能集中注意力吃饭。

孩子在1岁左右，是否充分地练习了用手抓着吃饭，这对于孩子现在会不会吃饭，是有很大的关系的。用手抓着吃饭，可以使孩子掌握口与手的协调性，并且明白一口饭菜具体是多大的量。这样，到了2岁半之后，突然，您就会发现孩子吃饭吃得非常好了。

现在这个状况，您担心无法带孩子出去吃饭，您可以试着用另外的方法，比如，您可以拿着盒饭去朋友家吃，或者到儿童中心就餐的地方去吃。在和平常不一样的地方吃饭，孩子或许会集中注意力呢。

至于想让孩子说出"我开始吃了"，"我吃好了"这样的话来，是很为难孩子的。比这更重要的事情是要让孩子吃饭时，吃得开心吃得香。当孩子从心里感到"真好吃呀"的时候，就会跟着大人说出同样的话来："我吃好了。"

245

牙齿

 在孩子的牙齿上面，有时有颜色附着。什么原因？

自从 1 岁 6 个月健康诊断以来，再也没有请大夫看过孩子的牙齿。因为常吃甜的点心，我担心孩子会长虫牙。每次饭后都给孩子刷牙，但是，牙齿表面有时能看到有颜色附着在上面，挺不可思议的。

 养成刷牙习惯非常好。您担心的事情可以去咨询大夫。

孩子开始吃甜点以后，确实担心长虫牙的问题。现在还是乳齿，还有换恒齿的机会。但是，现在就能让孩子养成刷牙的习惯，这是非常难得的事情。

到了现在这个年龄，孩子慢慢地能够懂得父母说的话了。因此，可以跟孩子好好地说一说刷牙的重要性。

您担心的"牙齿表面有时能看到有颜色附着在上面"这件事情，因为不是总是这样，仅仅是"有时"而已，所以，应该不是牙齿本身变色的问题。我觉得没关系。如果实在放心不下的话，可以去咨询一下牙科大夫。

补充水分

 睡觉前给孩子喝水，是否会影响训练孩子上厕所呢？

在炎热的季节，夜里孩子会爬起来要水喝。在洗澡之后以及睡觉之前，我也会让孩子喝一些茶水。但是考虑到今后要训练孩子上厕所的问题，是否睡觉前不再让孩子喝水了呢？

 水分的补充非常重要，不会影响训练孩子上厕所。

这么大的孩子，即使说嗓子渴了，也不会自己去取水喝的。所以，有时会因为这个原因而哭闹。在孩子想喝水的时候，一定要让孩子喝。

在洗澡之后，由于出汗和新陈代谢的缘故，会失去一些水分，此时补充水分是非常重要的。不仅仅是夏天，即使在冬天，由于受到暖气的影响，空气非常干燥，所以更加需要补充水分了。

关于您担心的训练孩子上厕所的问题，这应该在白天进行的。所以和"睡前喝茶"没有直接的关系。

另外，嗓子渴的时候，孩子会睡不着觉，也容易半夜醒过来。所以，在睡觉之前，让孩子湿润干渴的喉咙，才能睡得香甜。

训练孩子上厕所

 孩子知道要到厕所排泄，可还是不能脱掉尿布。怎么办？

孩子马上就到3岁了，但还是不能脱掉尿布。每次都是撒完尿之后，才会很不好意思地告诉我："我又撒尿了。"而且自己主动跑去换尿布。问宝宝："应该在哪里撒呀？"孩子也会回答："应该在厕所撒。"

 即使孩子可能会尿在身上，白天也可以不穿尿布了。

要想让孩子学会上厕所，一定要使孩子身体保持一种自然的状态。既然孩子已经知道应该到厕所去大小便了，执拗地向孩子询问："应该在哪里尿呀？"这似乎是一种强迫的姿态，反而会让孩子感到精神紧张。

如果孩子去厕所2次就有1次能尿出来的话，干脆白天就不要让孩子穿尿布了。当然，这时母亲必须要容忍孩子有可能把尿撒在身上。

时机掌握得好，孩子上厕所时，身体就能保持一种自然、精神放松的状态。在吃饭或是外出之前，可以跟孩子说："不去一趟厕所试试吗"，"把尿撒了怎么样啊"。千万不要用命令的语气和孩子说话。

3 岁过后

可以进行日常对话了

完全长大了，已经不能叫"婴儿"了。祝愿孩子们健康成长。

体型已经变成了幼儿体型，运动也更为顺畅

由于运动量的增大，身上已经有了肌肉，渐渐地从婴儿体型变成了幼儿体型。身体平衡越来越好，总的来说身体运动也更为顺畅。身体和精神两方面都已经从"婴儿时期"毕业了。

可以进行日常会话了

虽然有时发音还有点儿不准确，日常会话基本上是没有什么问题了。而且，会频繁地追问："为什么呀？为什么呀？"这是因为孩子开始有一种欲求了，即对各种事物都感兴趣，想解决搞不懂的事情。大人这时不能嫌孩子烦，要用浅显易懂的语言回答孩子的疑问。

父母要以身作则，教育孩子

是该考虑如何教育孩子的时候了，但是教育孩子不是单行道。孩子一直在观察着父母的所作所为，并加以模仿。所以，平时要注意与孩子接触的方式。即使是对孩子，也要说："早上好！""谢谢！"之类的礼貌用语。

让孩子养成收拾整理的习惯也是这样，如果孩子经常能看到父母收拾整理时的身影，那会非常有效的。经常让孩子感到收拾之后就会变得干净整洁，心情也会变得愉快开心。

换尿布 2 小时以后，让孩子上厕所

过了 3 岁以后，在小便后 1 个半小时到 2 个小时之间，就该叫孩子上厕所了。如果在厕所小便了，就要夸奖孩子两句。在有过一次这样的经历以后，孩子就会有意识地到厕所去撒尿，不会

因为憋不住尿，撒在裤子里了。

　　暂时还不能不穿尿布的孩子，如果2次能有1次在厕所里撒出尿来的话，也可以下决心不穿尿布了。当然，还是要慢慢来，即使又尿了裤子也要原谅孩子。

一定要接受 3 岁的健康诊断

　　一定要接受政府实施的 3 岁幼儿健康诊断，这次检查的重点是视力、听力、心理以及语言表达能力。

　　同时还进行齿科检查，所以既可以检查牙齿生长情况，还能得到如何保护牙齿的指导。

3 岁过后宝宝的育儿问答

小便潜血

 在尿检中，查出孩子小便潜血。是身体出问题了吗？

　　带孩子接受了 3 岁的幼儿健康诊断，尿检的结果查出了潜血，大夫建议再做检查。可半年前在幼儿园做健康诊断的时候，什么问题都没有。保健中心的大夫说这是经常有的事情。是孩子身体出什么问题了吗？

 由于孩子肾脏还未发育成熟，而在尿液中出现血液。

　　如果白天运动以后收取尿液去做尿检，有时会出现潜血的现象。在这个年龄，由于肾脏所起的过滤器的作用还不完善，本来尿液中不应该有的成分，也通过了肾脏的过滤出现在尿液中。

既然半年前检查的时候，没有查出潜血，我想您就不必担心了。有一种尿液检查叫做尿沉渣检查，这种检查是用显微镜详细检查尿液中是否混有红细胞、白细胞以及细菌等等。如果您觉得放心不下的话，可以去儿科做一次检查。别忘记检查时，一定要用早上起床后，第一次小便的尿液。

热性痉挛

 治疗痉挛的药，应该用到什么时候呢?

因为我的孩子曾经得过热性痉挛，所以之后只要发烧超过37.5度，就使用治疗痉挛的坐药。这种预防痉挛的药品应该用到什么时候呢?

 孩子3岁过后，危险性就降低了。

热性痉挛是在突然发高烧时，引起的并发症。这是由于大脑尚未发育成熟造成的，因此随着大脑发育成熟，渐渐地就不会发作了。

一般认为热性痉挛发作过一回的孩子当中，三分之二会反复发作。至于到什么时候不再发作，是有个体差异的。但在6岁之后，就基本上不会再发作了，3岁以后发作时的危险性也会降低。

到了这个年龄，患感冒也比较少了。您提到的"预防痉挛的坐药应该用到什么时候"这个问题，最好还是去咨询常给您家孩子看病的大夫吧。

体毛重

 我非常担心孩子体毛重的问题。怎么办呢?

对孩子体毛重的问题，我真感到头疼。连后背都长得特别重，非常担心。是不是不能刮掉呢?

 给孩子剃掉体毛，反而会刺激皮肤。再观察一段时间吧。

虽说您觉得孩子体毛重，其实每个人的感觉是不一样的。比如母亲自身的体毛比较少的情况下，对于婴儿的胎毛都会觉得很多。在目前这个阶段，我不建议您给孩子剃掉体毛。因为现在这种状态不见得一直会持续下去，而且，给孩子剃掉体毛会刺激皮肤，反而体毛有可能变得更重。

您的孩子才 3 岁，体毛的生长方式也与皮肤的成熟有关系，随着皮肤的成长发育，体毛也会发生变化。不要过于性急把孩子的体毛剃掉，再稍微观察一段时间吧。

非处方药

 孩子感冒时，我有时让他喝非处方的感冒药。可以吗？

孩子经常感冒，而且经常得重感冒。最近，在孩子刚有一点儿感冒症状的时候，我就给孩子喝非处方的感冒药。是否不应该过于依赖药物呢？

 并非喝了药就能安心。

感冒药原本就不是能根治感冒的，很多药物只是抑制流鼻涕或是抑制咳嗽，也就是说可以缓和出现的感冒症状，但是不能把引起感冒的病毒等元凶消灭掉。所以，您一定要知道，并不是说喝了药就可以万事大吉了。

另外，孩子到 3 岁左右，是获得免疫力的期间。这期间会反反复复不停地感冒发烧，也就是说，在这个过程中，可以把孩子的身体锻炼得更为强壮。

过不了一段时间，您就会惊奇地发现："咦？最近孩子不怎么感冒了呀。"

身体发冷

 孩子特别怕冷，嘴唇的颜色都变紫了。什么原因呢？

我家孩子真的特别怕冷，一冷嘴唇马上就变紫。我已经让孩子穿得相当多了，还有其他需要注意的问题吗？

 容易变紫、变冷的地方注意保温。

嘴唇颜色变紫有时是与血液循环有关系的。血液如果没有很好地循环到皮肤的末端的话，嘴唇以及手脚都容易变紫、变冷。

在这种情况下，要注意给这些容易变紫、变冷的局部保温。否则，无论您给孩子穿多少衣服，都不会有什么效果的。

作为保温的方法，可以戴口罩、戴手套以及给宝宝穿厚实一点儿的袜子。寒冷的季节出门的时候，耳朵会被冻得通红，这也和血液的循环有关系，所以，可以给孩子戴上连衣帽或者戴上耳罩，给耳朵保温。

这种肢体末端容易受冻的现象，在孩子稍微大一些，身体脂肪增多以后就会慢慢地看不到了。现在可以给孩子搓搓手脚，或是爸爸妈妈用手给孩子捂一捂，也是一种很好的感情交流。

孩子口吃

 孩子口吃让人担心，会自然纠正过来吗？

孩子从2岁半左右开始出现口吃现象，有时好一点儿，有时又会变得严重一些。是不是孩子心里感到不安或是精神紧张呢？会自然纠正过来吗？

 大人在孩子面前不要急躁，态度要平稳。多与孩子交流，增进感情。

搬家或弟弟妹妹出生以及被送进幼儿园等，当出现这些不同寻常的"大事件"时，对孩子会产生不小的影响。孩子被动地处于一个新的环境中，自然会忐忑不安或是在精神上感到紧张。

这时孩子会表现出上厕所的次数增加，夜里经常哭闹。我想口吃也是其中的一种表现吧。所以，您首先想想，在生活中有没有让孩子感到忐忑不安或是精神紧张的因素。有的话，就要想办法消除掉。

另外，当父母感到不安以及精神紧张的时候，也会传染给孩子，使之处于不安的状态。而且，这个时期正好是孩子精神面成长较快的时期，所以更加容易受到大人的影响。

父母的举止言谈要平稳一些，多抱抱孩子，更加努力地增进与孩子感情上的交流。这样的话，我想孩子口吃的问题会自然地纠正过来的。另外，不要忘记，如果父母太在意孩子口吃的问题，反而会让孩子受到强烈的暗示，加重口吃。

大哭大闹，蛮不讲理

 因为一点儿小事，孩子就大哭大闹。如何处理才好呢？

仅仅因为很小的一点儿小事，孩子就大哭大闹蛮不讲理，父母都不知如何是好。虽然我跟孩子说："想让妈妈给你做什么呀？说说看？"但似乎孩子还不会用语言来表达。如何处理才好呢?

用具体的语言说出孩子的感受。

孩子的情绪越来越丰富，心中各种感情交织在一起，却不能很好地用语言表达出来。大哭大闹让大人不知如何是好，原因就在于此。

这时，爸爸妈妈要察觉到孩子的这种处境，要用语言帮孩子解脱困境。但是，不要说："你怎么啦？""想让妈妈给你做什么呀？"而要说："想再玩一会儿是吗？""宝宝累了，不愿意走路了是吗？"像这样，把孩子的感受以及孩子想说出的事情，用具体的语言来询问孩子。

受爸爸妈妈关心的语气感染，孩子的心情慢慢地就会舒展开来，这将有益于促进孩子努力地用自己的语言来表达自己的想法。

撒娇

孩子自己能做，却撒娇让妈妈帮忙。怎么办呢？

孩子早上醒来之后，就喜欢触摸妈妈的胳膊和大腿，挪开就会发脾气。而且，如果醒来的时候，我不在孩子身边的话，就会大哭起来。起床之后不愿意去上厕所和换衣服。明明自己能做的事情，却撒娇让妈妈帮忙。应该如何对待这个问题呢？

检查一下孩子撒娇的原因。

跟妈妈撒娇，可以说是孩子依赖妈妈的证明。3岁之后因为开始有自立的想法，就不会再像婴儿那样无条件地撒娇了，撒娇一般都变为表现自己对父母信赖的方式了。

您的孩子似乎还留恋于婴儿时代的撒娇方式，其原因也许是在生活方面。比如说，和小朋友们玩儿不到一块儿，融不进小伙伴当中去，就有可能又回到过去那种什么事情都想跟妈妈撒娇的状态。所以，还是请父母在这方面检查一下为好。

另外，从母亲这边来说，也许有这么一种氛围，即"跟妈妈撒娇也没有关系"，这造成孩子依然以比较幼稚的方式向妈妈撒娇。在这方面母亲要检查一下，要营造一种氛围，要让孩子觉得不能再像婴儿一样撒娇了。

提问一个接一个

 孩子的"为什么呢"一个接一个，如何处理呢？

无论什么事情，孩子都会问："为什么呢？"我虽然给予解答，但是又对我的解答提问："为什么呢？"对于如何回答孩子，真让我费劲脑汁。

 父母的应答方式要让孩子感到思考问题是一件愉快的事。

孩子问："为什么呢？"是因为孩子想自己积极地思考问题。但是，大人说明问题的时候，往往过于复杂，孩子理解不了。于是孩子才会又问："为什么呢？"

父母对于孩子的提问不知如何回答的时候，可以用反问的方法摆脱尴尬的境地。比如说，被孩子问道："雪为什么是白的呢？"您回答："雨冻上以后就变白了。"但又被孩子追问："为什么冻上以后会变白呢？"此时，您就可以反问孩子："你说为什么呢？"孩子或许就会回答："因为雪是白的嘛。"

即使孩子的回答不符合道理，或是不知所云，也要用恍然大悟的语气来安慰孩子。"啊，是这样呀！对呀！妈妈也明白了。"孩子也会更加自信，"妈妈，你终于明白了吧。"孩子就会觉得思考问题是一件非常愉快的事情。

吃饭不愿咀嚼

 孩子吃饭时，光吞咽不咀嚼。这样没问题吗？

孩子吃饭的时候，总是不肯好好地咀嚼肉类和蔬菜，只是吸着吃。而且，这样吃饭也很花时间。

 也许孩子还不具备嚼碎食物的条件。

即使觉得孩子已经可以和大人一样吃同样的食物，但是孩子对于那些纤维比较多的肉类以及生菜类还是不太会吃的。因为纤维比较多的食物不仅需要咀嚼，还必须嚼碎才能下咽。

而要做到这一点，臼齿（第二乳臼齿）就必须长出来才行。一般来说，孩子在2岁半至3岁左右就能长出来，但由于个体差异的原因，孩子或许还不具备嚼碎食物的条件。既然不能嚼碎，孩子只好吸着吃了。

最好的解决方法是在饭菜上下些工夫。比如肉类不要用肉块而用肉馅，蔬菜切得碎一些以后，煮一煮再给孩子吃等等。

母亲做的饭菜与孩子的饮食发育机能一致，孩子才能吃得又香又开心。孩子吸着吃饭，是向妈妈发出一个信号："妈妈，这个菜我还吃不了呢。"

保护孩子牙齿

 为了预防虫牙，除了刷牙，还可以采取除其他手段吗？

在 3 岁健康诊断时，发现有一颗门牙有初期的虫牙的症状，并进行了治疗。今后，除了刷牙以外，是不是应该给孩子的牙齿涂抹氟素以及使用漱口液呢？

 最重要的事情是要让孩子喜欢上刷牙。

因为乳牙早晚会换成恒牙，所以，目前这个阶段，最好先考虑如何才能认真地把牙齿刷干净的问题。

有相当多的孩子刷牙以后，不愿意让妈妈检查，结果很难把牙刷干净。在考虑给孩子的牙齿涂抹氟素以及使用漱口液之前，最重要的是让孩子养成喜欢刷牙的好习惯。

而且，要让孩子在日常生活中潜移默化，慢慢地理解刷牙对于预防虫牙的重要性。比如说，在看画册的时候以及在 DVD 中都可以学到刷牙的知识。还有让孩子看到家里人开心地刷牙的情景，也能成为孩子喜欢上刷牙的契机。

所以，对付虫牙，首先考虑的是要依靠自己的力量。

训练孩子上厕所

 孩子还在穿尿布。如何才能快点儿脱掉呢？

孩子已经 3 岁 4 个月了，还不能脱掉尿布。目前在上幼儿园，别的小朋友们都已经顺利地脱掉了尿布。现在让孩子穿着的是训练用的纸尿裤，今后怎么做才能快点儿让孩子脱掉呢？

 采取各种办法，让孩子上厕所时有自信。

在尿布还没有被尿湿的时候，可以让孩子去厕所试试。如果 2 次能够成功 1 次的话，就可以下决心让孩子穿上全棉的裤子了。

即使孩子尿在裤子里了，也要安慰孩子一句："尿尿了，是吧。"不要为难孩子，让孩子觉得妈妈并没有把自己尿裤子的事情当一回事儿，更没有责怪自己的意思。大人此时如果对孩子施加压力或是发火的话，只会起反作用的。

要想让孩子脱掉尿布，就要让孩子在上厕所的时候，有一种"能撒出来"的轻松心态，而且，这种"能撒出来"的自信是最重要的。在这之前，孩子时常尿裤子也是理所当然的事情。不要太过在意。

孩子只要有自信心，就会很快地解决这个问题的。

图书在版编目（CIP）数据

育儿新概念贰：不慌不愁当宝儿妈/（日）加部一彦，（日）佐佐木聪子 著；刘立强 译.
—北京：东方出版社，2011
ISBN 978-7-5060-4139-3

Ⅰ.①育…　Ⅱ.①加…　②佐…　③刘…　Ⅲ.①婴幼儿—哺育—基本知识　Ⅳ.① TS976.31

中国版本图书馆 CIP 数据核字 (2011) 第 032296 号

Ikuji no Onayami Kaiketsu Book - Q&A de Sukkiri!
Supervised by Kazuhiko Kabe & Satoko Sasaki, edited by NHK Publishing, Inc.
Copyright ©2008 by Kazuhiko Kabe, Satoko Sasaki, NHK Publishing, Inc.
Simplified Chinese translation copyright ©2011 by Oriental Press, all rights reserved.
Original Japanese language edition published by NHK Publishing, Inc.
Simplified Chinese translation rights arranged with NHK Publishing, Inc.
through Nishikawa Communications, Co., Ltd.

本书版权由北京汉和文化传播有限公司代理
中文简体字版专有权属东方出版社
著作权合同登记号 图字：01-2010-4599 号

育儿新概念贰：不慌不愁当宝儿妈

作　　者：[日]加部一彦　佐佐木聪子
译　　者：刘立强
责任编辑：姬 利　杜晓花
出　　版：东方出版社
发　　行：东方出版社 东方音像电子出版社
地　　址：北京市东城区朝阳门内大街 166 号
邮政编码：100706
印　　刷：北京印刷一厂
版　　次：2011 年 4 月第 1 版
印　　次：2011 年 4 月第 1 次印刷
开　　本：670 毫米×890 毫米 1/16
印　　张：16.5
字　　数：220 千字
书　　号：ISBN 978-7-5060-4139-3
定　　价：36.00 元
发行电话：(010) 65257256　65246660（南方）
　　　　　(010) 65136418　65243313（北方）
团购电话：(010) 65245857　65230553　65276861